从零开始学技术—建筑安装工程系列

通 风 工

张福芳 主编

中国铁道出版社

2012年·北 京

内容提要

本书是按住房和城乡建设部、劳动和社会保障部发布的《职业技能标准》和《职业技能岗位鉴定规范》的内容，结合农民工实际情况，将农民工的理论知识和技能知识编成知识点的形式列出，系统地介绍了风管展开放样方法、通风管道和零部件加工制作方法、风管系统安装方法、设备安装方法、空调制冷系统和水系统安装方法、通风空调系统调试方法、通风工安全操作规程等。本书技术内容先进、实用性强，文字通俗易懂，语言生动，并辅以大量直观的图表，能满足不同文化层次的技术工人和读者的需要。

本书可作为建筑业农民工职业技能培训教材，也可供建筑工人自学以及高职、中职学生参考使用。

图书在版编目(CIP)数据

通风工/张福芳主编. —北京：中国铁道出版社，2012.6
(从零开始学技术. 建筑安装工程系列)
ISBN 978-7-113-13774-8

Ⅰ.①通… Ⅱ.①张… Ⅲ.①通风工程—基本知识
Ⅳ.①TU834

中国版本图书馆 CIP 数据核字(2011)第 224004 号

书　　名：从零开始学技术—建筑安装工程系列
通　风　工
作　　者：张福芳

策划编辑：江新锡　徐　艳
责任编辑：徐　艳　江新照　　电话：010－51873193
助理编辑：董苗苗
封面设计：郑春鹏
责任校对：孙　玫
责任印制：郭向伟

出版发行：中国铁道出版社（100054，北京市西城区右安门西街 8 号）
网　　址：http://www.tdpress.com
印　　刷：化学工业出版社印刷厂
版　　次：2012 年 6 月第 1 版　2012 年 6 月第 1 次印刷
开　　本：850mm×1168mm　1/32　印张：3.75　字数：89 千
书　　号：ISBN 978-7-113-13774-8
定　　价：11.00 元

从零开始学技术丛书
编写委员会

前　言

随着我国经济建设飞速发展，城乡建设规模日益扩大，建筑施工队伍不断增加，建筑工程基层施工人员肩负着重要的施工职责，是他们依据图纸上的建筑线条和数据，一砖一瓦地建成实实在在的建筑空间，他们技术水平的高低，直接关系到工程项目施工的质量和效率，关系到建筑物的经济和社会效益，关系到使用者的生命和财产安全，关系到企业的信誉、前途和发展。

建筑业是吸纳农村劳动力转移就业的主要行业，是农民工的用工主体，也是示范工程的实施主体。按照党中央和国务院的部署，要加大农民工的培训力度。通过开展示范工程，让企业和农民工成为最直接的受益者。

丛书结合原建设部、劳动和社会保障部发布的《职业技能标准》和《职业技能岗位鉴定规范》，以实现全面提高建设领域职工队伍整体素质，加快培养具有熟练操作技能的技术工人，尤其是加快提高建筑业基层施工人员职业技能水平，保证建筑工程质量和安全，促进广大基层施工人员就业为目标，按照国家职业资格等级划分要求，结合农民工实际情况，具体以“职业资格五级（初级工）”、“职业资格四级（中级工）”和“职业资格三级（高级工）”为重点而编写，是专为建筑业基层施工人员“量身订制”的一套培训教材。

同时，本套教材不仅涵盖了先进、成熟、实用的建筑工程施工技术，还包括了现代新材料、新技术、新工艺和环境、职业健康安全、节能环保等方面的知识，力求做到技术内容先进、实用，文字通俗易懂，语言生动，并辅以大量直观的图表，能满足不同文化层次的技术工人和读者的需要。

本丛书在编写上充分考虑了施工人员的知识需求，形象具体地阐述施工的要点及基本方法，以使读者从理论知识和技能知识两方面掌握关键点。全面介绍了施工人员在施工现场所应具备的技术及其操作岗位的基本要求，使刚入行的施工人员与上岗“零距离”接口，尽快入门，尽快地从一个新手转变成为一个技术高手。

从零开始学技术丛书共分三大系列，包括：土建工程、建筑安装工程、建筑装饰装修工程。

土建工程系列包括：

《测量放线工》、《架子工》、《混凝土工》、《钢筋工》、《油漆工》、《砌筑工》、《建筑电工》、《防水工》、《木工》、《抹灰工》、《中小型建筑机械操作工》。

建筑安装工程系列包括：

《电焊工》、《工程电气设备安装调试工》、《管道工》、《安装起重工》、《通风工》。

建筑装饰装修工程系列包括：

《镶贴工》、《装饰装修木工》、《金属工》、《涂裱工》、《幕墙制作工》、《幕墙安装工》。

本丛书编写特点：

(1)丛书内容以读者的理论知识和技能知识为主线，通过将理论知识和技能知识分篇，再将知识点按照【技能要点】的编写手法，读者将能够清楚、明了地掌握所需要的知识点，操作技能有所提高。

(2)以图表形式为主。丛书文字内容尽量以表格形式表现为主，内容简洁、明了，便于读者掌握。书中附有读者应知应会的图形内容。

编者

2012 年 3 月

目　录

第一章　风管展开放样方法

第一节　基本要求

【技能要点 1】板厚的处理

板厚的处理包括：通风管道和管件尺寸的标注，矩形风管以外边尺寸计算，圆形风管以外径尺寸计算。通风管道采用的薄钢板、镀锌钢板或铝板、不锈钢板，厚度一般在 0.5～2 mm 范围内，展开后对尺寸影响很小，因此展开放样时可以忽略不计。但对于有特殊要求的厚壁风管和部件，其板壁厚度大于 2 mm 时，必须考虑板壁厚度的影响，即对于圆形风管的展开下料，计算直径时应以中径（外径减壁厚或内径加壁厚）为准。对于矩形风管，仍按风管外边尺寸计算展开。

板材的介绍

一、金属板材

1. 薄钢板

薄钢板是制作通风管道和部件的主要材料，一般常用的有普通薄钢板和镀锌钢板。其规格是以短边、长边和厚度来表示，常用的薄板厚度为 0.5～4 mm，规格为 900 mm×1 800 mm 和 1 000 mm×2 000 mm。

制作风管及风管配件用的薄钢板要求表面平整、光滑，厚度均匀，没有裂纹和结疤，应妥善保管，防止生锈。

(1)普通薄钢板

普通薄钢板有板材和卷材 2 种。这类钢板属乙类钢，是钢号为 Q235B 的冷、热轧钢板，它有较好的加工性能和较高的机械强度，价格便宜。

(2)镀锌钢板

镀锌钢板厚度一般为 0.5～1.5 mm,长宽尺寸与普通薄钢板相同。镀锌钢板表面有保护层,可防腐蚀,一般不需刷漆。对该类钢板的要求是表面光滑干净,镀锌层厚度应不小于 0.02 mm。多用于防酸、防潮湿的风管系统,效果比较好。

2. 不锈钢板和铝板

(1)不锈钢板

①有较高的塑性、韧性和机械强度,耐腐蚀,是一种不锈合金钢,常用在化工工业耐腐蚀的风管系统中。

②不锈钢中主要元素是铬,化学稳定性高。在表面形成钝化膜,保护钢板不被氧化,并增加其耐腐蚀的能力。

③不锈钢在冷加工时易弯曲,锤击时会引起内应力,出现不均匀变形。这样,不锈钢板会韧性降低,强度加大,变得脆硬。

④不锈钢加热到 450 ℃～850 ℃,再缓慢冷却后会钢质变坏、硬化,出现裂纹。

(2)铝板

①铝板有纯铝板和合金铝板,主要用在化工工业通风工程中。

②铝板色泽美观,密度小,有良好的塑性,耐酸性较强,但易被盐酸和碱类腐蚀,有较好的抗化学腐蚀的性能。

③合金铝板机械强度较高,抗腐蚀能力较差。通风工程用铝板多数为纯铝板和经退火处理过的合金铝板。

④由于铝板质软,碰撞不出现火花,因此,多用作有防爆要求的通风管道。

3. 塑料复合钢板

在普通钢板上面黏贴或喷涂一层塑料薄膜,就成为塑料复合钢板。其特点是耐腐蚀,弯折、咬口、钻孔等加工性能也好。垣料复合钢板常用于空气洁净系统及温度在-10 ℃～70℃范围内的通风与空调系统。

塑料复合钢板规格有：450 mm×1 800 mm、500 mm×2 000 mm，厚度为0.35～0.7 mm；1 000 mm×2 000 mm，厚度为0.8～2.0 mm等。

二、非金属板材

1. 聚氯乙烯塑料板

(1)耐腐蚀性好，一般情况下与酸、碱和盐类均不产生化学反应。但在浓硝酸、发烟硫酸和芳香碳氢化合物的作用下，表现出不稳定性。

(2)强度较高，弹性较好，热稳定性较差。高温时强度下降，低温时变脆易裂。当加热到100 ℃～150 ℃时，呈柔软状态；190 ℃～200 ℃时，在较小的压力下，能使其相互黏合在一起。

(3)由于板材纵向和横向性能不同，内部存在残余应力，在制作风管和部件时，要进行加热和冷却，使其产生收缩，一般纵向、横向收缩率分别为3%～4%和1.5%～2%。

(4)聚氯乙烯塑料板的密度为1 350～1 450 kg/m^3。在通风与空调工程中，这种板材多用作输送含酸、碱、盐等腐蚀性气体的管道和部件，也使用在洁净空调系统中。

(5)对塑料板的要求，表面要平整、厚薄均匀，无气泡、裂缝和离层等缺陷。

2. 玻璃钢板

(1)在通风工程中，常用的玻璃钢风管不是由玻璃钢板加工制作而成的，而是用木板或薄钢板作模具手工制作而成的。

(2)操作时，先在模具的外表面包上一层透明的玻璃纸，并在其外涂满已调好的树脂，再敷上一层玻璃布，每涂一层树脂便敷一层玻璃布，布的搭头要错开，并要刮平，最外面一层玻璃布的表面还应涂以薄层树脂。

(3)风管与法兰是成一体的，法兰应提前做好，在涂敷树脂过程中放入，并和风管一同黏贴。整节风管经过一段时间的固化达到一定强度后方可脱模。

(4)制作玻璃钢风管和管件所用的合成树脂，应按设计要求的耐酸、耐碱、自熄等性能来选用。合成树脂中填料的含量应符合技术文件中的要求。

(5)玻璃布的含量与规格应符合设计要求，玻璃布应保持干燥、清洁，不得含蜡。玻璃布的铺置、接缝应错开，无重叠现象。

(6)保温玻璃钢风管可将管壁制成夹层，夹层材料可采用岩棉、聚苯乙烯、聚氨酯泡沫塑料、蜂窝纸等保温材料，夹层厚度和材质应按工程需要选定。

(7)玻璃钢风管及配件的内表面应平整光滑，外表面应整齐美观，厚度均匀，边缘无毛刺，不得有气泡、分层现象，树脂固化度应达到90%以上。

(8)法兰与风管或配件应成一体，并与风管垂直，法兰平面的不平度允许偏差不应大于2 mm。

【技能要点2】展开下料

展开下料中关键环节是做好咬口裕量和装配法兰裕量的预留。在进行薄板风管、管件及部件的展开下料时，必须考虑薄板的连接方式和风管、管件及部件的接口是否装配法兰，以便展开下料时留出一定的裕量。

风管和管件如采用咬口连接，应根据咬口加工方式(手工加工或机械加工)和咬口形式来考虑预留咬口裕量。机械咬口比手工操作咬口的预留量要大一些，咬口裕量分别留在板料的两边，而且两边的裕量是不一样的，见表1—1。

表1—1 咬口裕量 (单位:mm)

板材厚度	手工操作咬口						机械咬口					
	平咬口		角咬口		联合角咬口		平咬口		按口式咬口		联合角咬口	
0.5~0.7	12	6	12	6	21	7	24	10	31	12	30	7
0.8	14	7	14	7	24	8	24	10	31	12	30	7

续上表

板材厚度	手工操作咬口						机械咬口					
	平咬口		角咬口		联合角咬口		平咬口		按口式咬口		联合角咬口	
1～1.2	18	9	18	9	28	9	24	10	31	12	30	7

对于预留咬口裕量没有把握时，可按咬口形式进行试验，以确定适当的咬口裕量。

金属薄板风管接合处采用焊接时，应根据焊缝形式，留出搭接量和扳边量。

风管、管件采用法兰时，应在管端留出相当于法兰所用角钢的宽度与翻边量(约 10 mm)之和的裕量。

第二节　平行线展开法

【技能要点 1】方形、矩形风管弯口的展开方法

直角方管弯头如图 1—1(a)所示。只要截取展开图上 1、2、3、4、1 的底边长度等于下口断面 1、2、3、4、1 的周长，展开图上 1—1、2—2、3—3、4—4 的高度等于主视图上 1—1、2—2、3—3、4—4 各棱的高度，展开图即可作出，如图 1—1(b)所示。另一部分也是一样的。

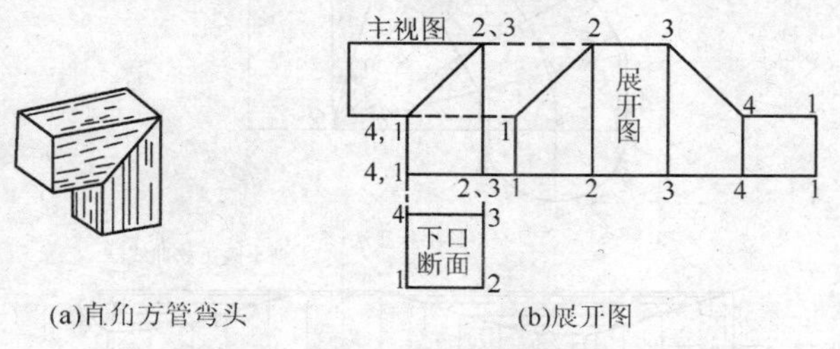

(a)直角方管弯头　(b)展开图

图 1—1　直角方管弯头的展开

【技能要点 2】圆形直角弯头的展开方法

(1)先画出圆形直角弯头的主视图和俯视图，俯视图可以只画成半圆，如图 1—2 所示。

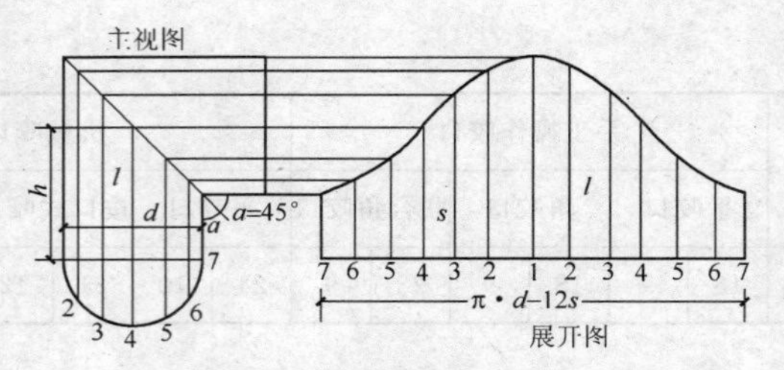

图 1—2　圆形直角弯头的展开

(2)将俯视图的圆周 12 等分，即半圆 6 等分（等分越多越精确），得分点 1、2、3、…、7。

(3)通过等分点向上引主视图中心线的平行线，并与斜口线相交。

(4)将主视图的圆周展开，也分为 12 等份，并通过等分点作垂直线，与主视图斜口各点引出的平行线相交，用圆滑曲线连接各相交点，就完成了展开图。

多节圆形弯头的展开，也可称为一种大小圆的简单方法，展开图如图 1—3 所示。采用弯头里、背的高度差为直径画小半圆弧，并 6 等分，从各等分点引水平线与展开图底边各垂直等分线相交，连接各相交点为圆滑曲线，即为展开图。

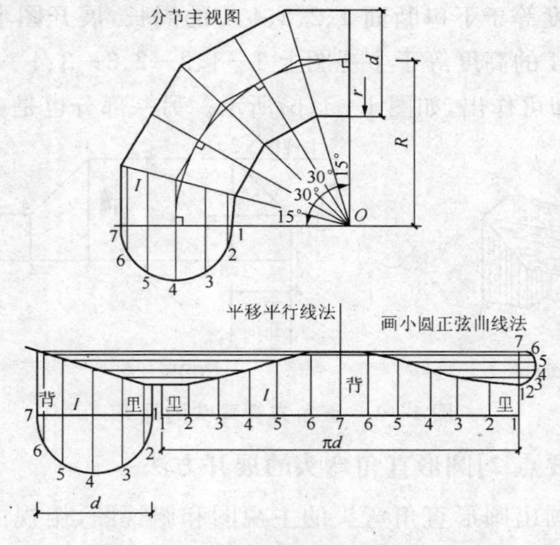

图 1—3　大小圆法对任意角弯头的展开

【技能要点 3】等径圆三通管的展开方法

等径圆三通管的实形如图 1—4(a)所示,其展开步骤有以下几点:

(1)按实形作主视图,如图 1—4(b)所示。

(2)作结合线。因甲、乙两圆管是等径的,可用内切球体法求得它们的结合线是两条平面曲线,在主视图上是一条折线。

(3)作甲圆管的展开图。第一,将甲圆管的圆周 16 等分,图 1—4(b)上是 8 等分,过每一等分点向相贯线引平行素线,并与它相交。第二,将甲圆管沿一素线切开平摊在主视图右侧,并按圆周的等分画平行素线。第三,过结合线上的交点向图 1—4(d)引平行素线分别与它上面的平行素线相交。第四,用平滑曲线依次连接图 1—4(d)的交点,即得到甲圆管的展开图,如 1—4(d)所示。

(4)作乙圆管的展开图。第一,作乙圆管的右视图,如图 1—4(c)所示,同样将其圆周 16 等分。第二,将乙圆管沿一条索线切开摊平在主视图下,如图 1—4(e)所示,并用平行线将其 16 等分。第三,过结合线上的交点向图 1—4(e)引平行素线,并与其上的平行素线分别相交。第四,在图 1—4(e)上用平滑曲线依次连接各交点,便得到乙圆管的展开图,即图 1—4(e)。

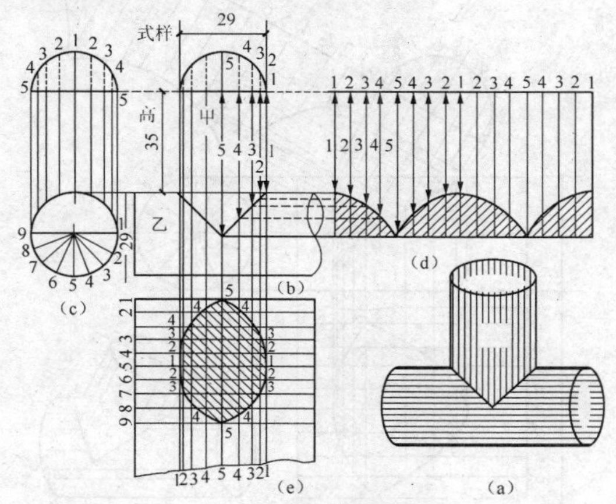

图 1—4　等径圆三通管的展开

(a)等图三通管实形;(b)主视图;

(c)右视图;(d)甲管展开图;(e)乙图管展开图

按上述方法也可以进行等径圆四通管的展开。

【技能要点 4】等径斜三通管的展开方法

等径斜三通管的实形如图 1—5(a)所示，画展开图的步骤有以下几点：

(1)根据实体作其投影图，如图 1—5(b)所示。

(2)求结合线。因为是两个等径圆管相交，相贯线是两段平面曲线，反映在主视图上是一条折线，如图 1—5(b)所示。

(3)作上部圆管(甲管)的展开图。第一，在上部管的直径上作半圆，并将其分成 8 等分(则整圆均分成 16 等分)，等分点分别为 1、2、3、4、5、6、7、8、9，延长线段 1—9，并在延长线上取一线段等于上部圆管的周长，将其 16 等分，得分点 1、2、3、…、3、2、1，过每一等分点作 9—e 的平行线。第二，过上部圆管半圆上的等分点作 a—e 的平行线分别与相贯线 e—a—e 相交，再过每一交点作 1～9 的平行线，分别与图 1—5(d)的平行线相交，用平滑曲线依次连接各交点，则得到上部圆管的展开图，如图 1—5(d)所示。

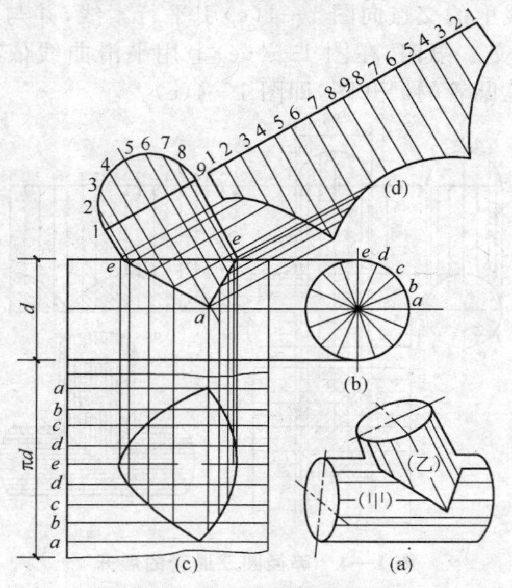

图 1—5　等径斜三通管的展开

(a)等径斜三通管实形图；(b)投影图；(c)甲管展开图；(d)乙管展开图

(4)作下部圆管(乙管)的展开图。第一,下部圆管的左视图是一个圆,如图 1—5(b)所示。将它分成 16 等份,用 a、b、c、d,e 分别代表各等分点。将圆管水平切开平铺在主视图下,分别过 a、b、c、d、e 等作平行线。第二,在下部圆管左视图上,分别过 a、b,c、d、e 作 e—e 的平行线与 V 形相贯线 e—a—e 的两侧相交,再过每一交点向下引平行线分别与图 1—5(c)上的水平平行线相交,用平滑曲线依次连接各交点,便得到下部圆管的展开图。

【技能要点 5】异径斜三通管的展开方法

图 1—6(a)是异径斜三通的实形,从图中可知主管外径为 D,支管外径为 D_1,支管与主管轴线的交角为口。要画出支管的展开图和主管上开孔的展开图,要先求出支管与主管的结合线。结合线用如图 1—6(b)所示的作图步骤可求得。

(1)先画出异径斜三通的立面图与侧面图,在该两图的支管端部各画半个圆并 6 等分,等分点标号为 1、2、3、4、3、2、1。然后在立面图上通过各等分点作平行于支管中心线的斜直线,同时在侧面图上通过各等分点向下作垂线,这组垂线与主管圆周相交,得交点 1°、2°、3°、4°、3°、2°、1°。

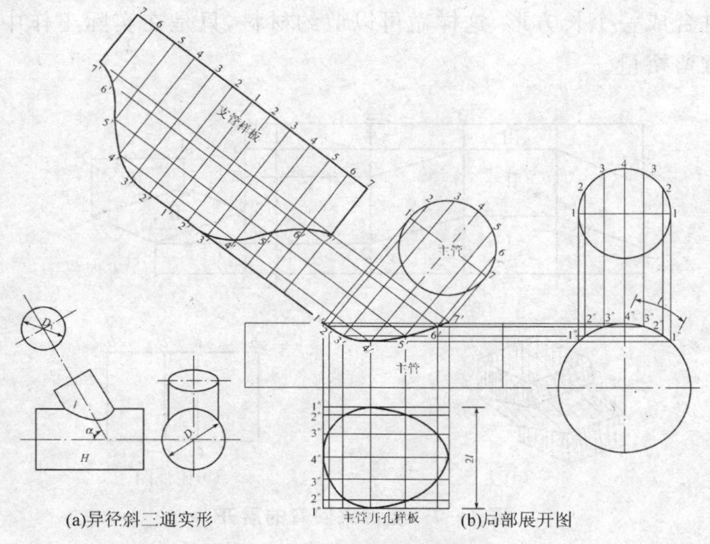

(a)异径斜三通实形　　(b)局部展开图

图 1—6　异径斜三通的展开

(2)过点 1°、2°、3°、4°、3°、2°、1°向左分别引水平线，使之与立面图上支管斜平行线相交，得交点 $1'$、$2'$、$3'$、$4'$、$5'$、$6'$、$7'$。将这些点用光滑曲线连接起来，即为异径三通的接合线。

【技能要点 6】矩形来回弯的展开方法

(1)图 1—7(a)、图 1—7(b)是矩形来回弯的主视图和俯视图，它由三节组成：Ⅰ和Ⅲ节完全相同，由 4 个平面组成；左右两面是大小不等的两个长方形，长方形的长和宽在两个视图上均反映实长；前后两面是形状相同的两个直角梯形，在主视图上反映实形。

(2)中间一节Ⅱ也由 4 个平面组成：前后两面是形状相同的平行四边形，主视图上反映其实形；左右两面是形状相等的矩形，边长在两个视图上均反映实长。

(3)因为矩形来回弯的Ⅰ、Ⅱ、Ⅲ三节表面上的棱线都是互相平行的，因此可以用平行线法进行展开。实际上如果将前后两面的位置互相调换，则成为一个矩形直管。因此，可以把三节的展开图拼合成一个长方形，这样做可以节约材料，只是在实际工作中要注意留裕量。

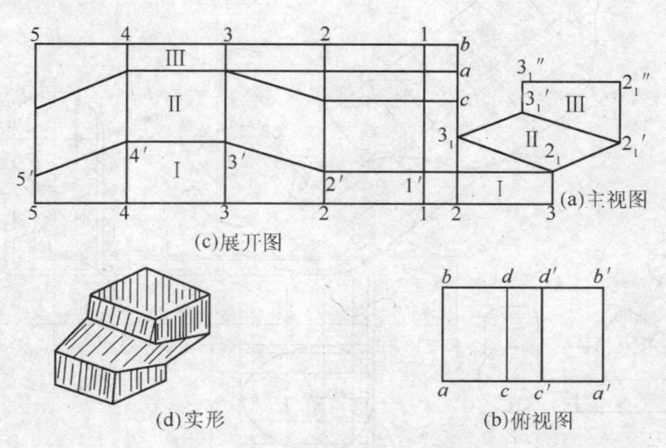

(c)展开图　(a)主视图

(d)实形　(b)俯视图

图 1—7　矩形来回弯的展开

(4)如图 1—7 所示的矩形来回弯展开步骤有如下几点：

①根据实形画主视图和俯视图。

②在主视图上延长 $2—3_1$ 至 b，截取 $3_1—a$ 等于 $3_1—3_1'$，a—b 等于 $3_1'—3_1''$，c—b 等于 $2_1'—2_1''$。

③在主视图上延长 2—3，在延长线上分别截取 1—2、2—3、3—4、5—5 等于俯视图上的 $d_1—c_1$、$c_1—a$、a—b、b—d。过 1、2、3、4、5 各点作铅垂线，铅垂线 1—1、2—2、3—3、5—4、5—5 则是矩形来回弯的棱线，如图 1—7(c)所示。

④作Ⅰ节的展开图。根据上面的分析，过主视图上的 21、31 点分别引水平线与图 1—7(c)上的 5 条棱线相交于 1′、2′、3′、4′、5′，依次连接各交点，则得到Ⅰ节的展开图 1—1′—5′—5，如图 1—7(c)所示。

⑤Ⅱ、Ⅲ节展开图的作法与上述Ⅰ节展开图的作法相同。

第三节　放射线展开法

【技能要点 1】基本步骤

(1)先画出平面图和立面图，分别表示周长和高。

(2)将周长分为若干等份，从各等分点向立面图底边引垂线，并表示出它们的位置和交点连接的长度。

(3)再以交点为圆心，以斜线的长度为半径，作出与平面图周长等长的弧，在弧上划出各等分点，把各等分点与交点(圆心)相连接。再根据各等分点在立面图上的实长为半径，在其对应的连线上截取，连接各截点即构成展开图。

【技能要点 2】正圆锥体的展开方法

(1)在俯视图上将圆锥的底部圆周分成 12 等份。

(2)过圆锥底部圆周各分点向主视图引垂线，与底部圆周投影相交，将各交点与正圆锥顶点 O 连接。这样，在主视图和展开图上都相应的出现了一组放射线，O—1、O—2、……、O—12，如图 1—8(b)所示。正圆锥的展开图是一个扇形。

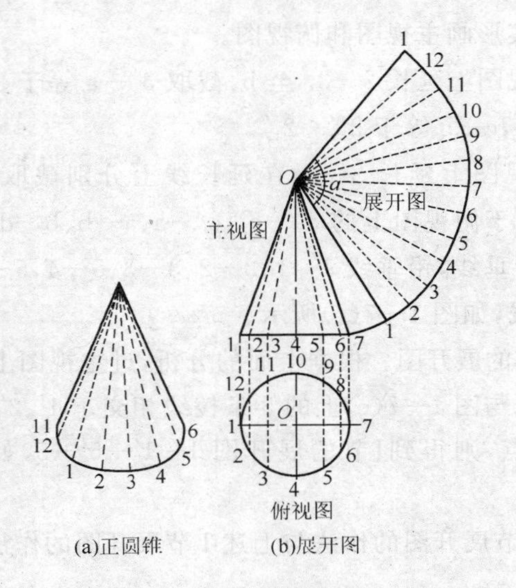

图 1—8　正圆锥的放射线法展开

展开图的各弧(12、23 等)的长度等于俯视图上相应的(12、23 等)的弧长。展开图上的 O—1、O—2、……、O—12 各线段长相等,即等于主视图上的斜边 O—7 或 O—1 线段的长度。主视图上 O—2、O—3、……、O—6 未反映圆锥体侧面上相应线段的实长,而比实长短了,这是因为倾斜线投影的缘故。

(3)实际工作中,对于正圆锥壳体的展开,可以省略俯视图,只要以任意点作圆心 O,以主视图上轮廓线为半径作扇形,扇形的弧长等于圆锥底面圆周长,该扇形则是圆锥体的展开图。扇形圆心角 a 的计算公式如下:

$$a=180°\frac{D}{R}$$

式中　D——圆锥底圆直径;

R——主视图上的轮廓线。

【技能要点 3】斜口圆锥体的展开方法

(1)先画出斜口圆锥的主视图和俯视图,以表示出高和周长。

(2)将周长分为若干等份,并将各分点向主视图底边引垂线,示出它们的位置和交点连接的长度。

(3)将主视图两边向上延长,得交点 O,再以交点 O 为圆心,以斜边长度为半径,作出与底部周长等长的圆弧。同时,划出各分点,把各分点与交点相连接。再根据各分点在主视图上实长为半径,在各分点对应的连线上截取,连接各截点为一条圆滑的曲线,即为斜口圆锥的展开图。斜口圆锥的展开图如图 1—9 所示。

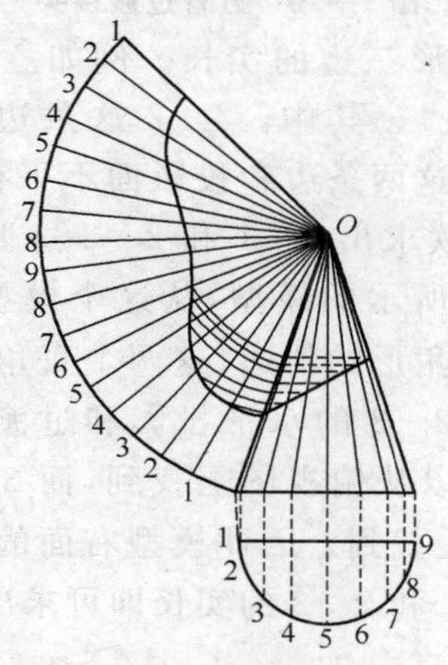

图 1—9　斜口圆锥展开图

第四节　三角形展开法

【技能要点 1】矩形管大小头的展开方法

图 1—10(a)为方管过渡接头的立体图,图 1—10(b)为方管过渡接头的主视图和俯视图。由图中可知,该接头的表面由 4 个等腰梯形组成,这 4 个等腰梯形与基本投影面部不平行,所以在主视图和俯视图上都没有反映出它们的真实形状。为了求得等腰梯形的真实形状,可以采用如图 1—11 所示的展开法。

(1)作四面等腰梯形的对角线,使一个梯形变成两个三角形,如图 1—11(a)所示。

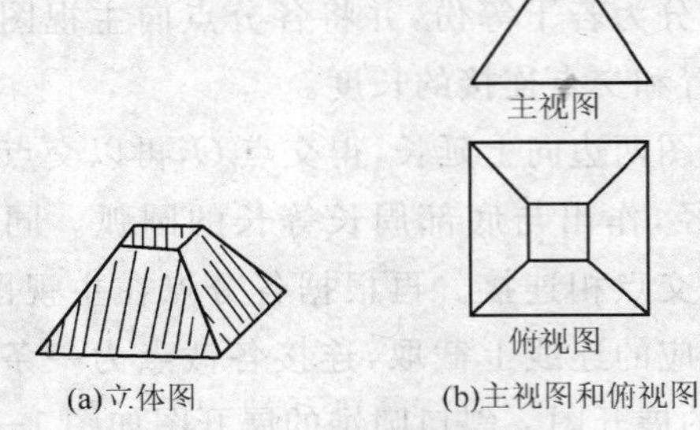

(a)立体图　(b)主视图和俯视图

图 1—10　方管过渡接头

(2)求出各三角形三边的实长。例如△123，它的三边分别是 1—2、2—3 和 3—1。其中。1—2 这条边，在俯视图上为实长，但 2—3 和 3—1 这两条边和投影面不平行，在俯视图上都找不到它们的实长。欲求出 3—1 和 2—3 这两条边的实长，可以参见如图 1—11(b)所示的模型，从这个模型中可以看出，3—1 和 2—3 都是直角三角形的斜边，这两个直角三角形的两个直角边，分别为 3—1 和 2—3 的水平投影和过渡接头的高，3—1 和 2—3 的水平投影可以从俯视图上找到，而 3—1 和 2—3 的投影高度又能从主视图上找到。因此模型右面的两个直角三角形就很容易作出，则 3—1 和 2—3 的实长即可求出。

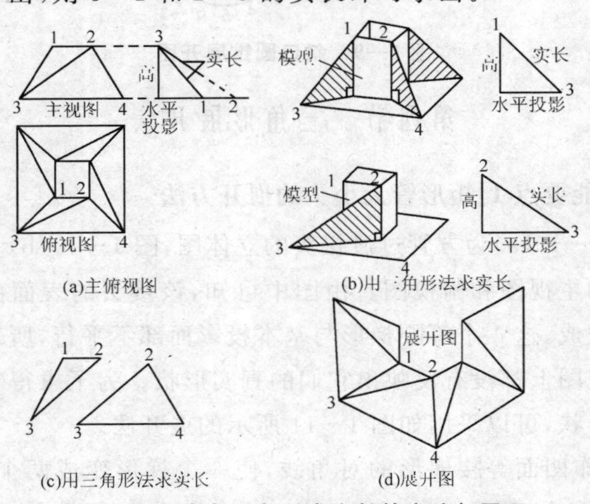

(a)主俯视图　(b)用三角形法求实长　(c)用三角形法求实长　(d)展开图

图 1—11　直角三角形求实长的方法与展开

另一个△234 的三条边 2—3、3—4 和 4—2，从图 1—11(b)可以看出，5—2 和 3—1 相等，3—4 在俯视图上已反映实长，而 2—3 的实长在上面已经用直角三角形法求得。

(3)按照已知三边作三角形的方法，用 1—2、2—3 和 3—1 的实长，即可作出△123。同样用 2—3、3—4 和 4—2 的实长，就可以作出△234，如图 1—11(c)所示。如果连续作出全部三角形，就得到该接头的展开图，如图 1—11(d)所示。

【技能要点 2】正天圆地方过渡接头的展开方法

(1)先画出天圆地方的主视图和俯视图，如图 1—12(b)所示，将其上口圆周 12 等分，过等分点分别向下口的 4 个角连线，致使每一圆角部分都分为 3 个三角形(当然这三角形都有一边是曲线的，若将圆周作更多的等分，则曲线可以近似地当作直线看待)。

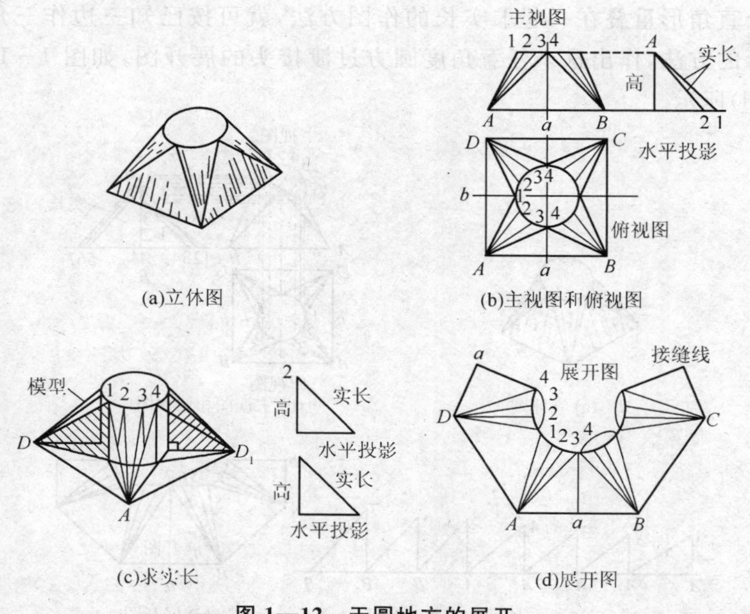

图 1—12　天圆地方的展开

(2)求实长线。在组成这些三角形的各边中，只有 A—1 和

A—2 需要用直角三角形法求出实长，如图 1—12(c)所示。其余各边均在俯视图上反映实长。

(3)作展开图，按照上述已知三角形三边实长作三角形的方法，就能得到天圆地方的展开图，如图 1—12(d)所示。

(4)同理，若在这个接头等腰三角形的表面中部作一条 n—4 接缝线，则主视图上斜边 A—1 长也就反映了 a—4 的实长，故这个接头的展开只需要求出 A—2 一根线的实长。

【技能要点 3】任意角度圆方过渡接头展开方法

如图 1—13(a)所示是一个上底面斜截的圆方过渡接头。它的主视图、俯视图及上口圆周断面图如图 1—13(b)所示，同样将其表面分成 12 个三角形。可以看出 A—1、A—2、……、B—6、B—7 各线的长度均不相等，要采用直角三角形法分别求出它们的实长，如图 1—13(c)所示。各线实长求出后，图 1—13(b)右面是将 7 个直角形重叠在一起求实长的作图方法，就可按已知三边作三角形的方法，作出这个任意角度圆方过渡接头的展开图，如图 1—13(d)所示。

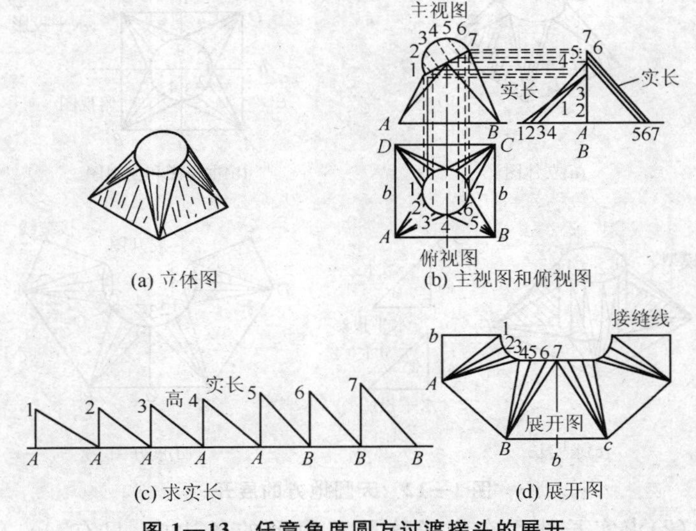

图 1—13　任意角度圆方过渡接头的展开

同样道理，主视图上的 A—1 反映了俯视图上 6—1 的实长，B—7 反映了 6—7 的实长。故作该接头的展开图时，主视图上的 A—1 与 B—7 的实长就可不必求出。

【技能要点 4】正圆锥台展开方法

(1)作出主视图和俯视图，将其上下口分成 12 等份，使表面组成 24 个三角形，如图 1—14(b)所示。

(2)采用直角三角形法求 1—2 线的实长。主视图中，作正圆锥台的高 1—1′，在下口延长线上取 1′—2′等于水平投影中的 1—2，连接 1—2′，即为 1—2 线的实长。

(3)按照已知三边作三角形的方法依次作三角形，即可得到正圆锥台的展开图，如图 1—14(c)所示。

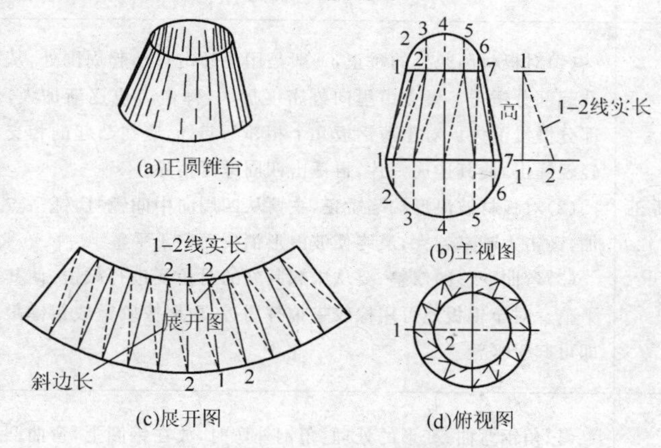

图 1—14 正圆锥台的展开

第二章　通风管道和零部件加工制作方法

第一节　材料矫正方法

【技能要点1】手工矫正方法

手工矫正的方法见表2—1。

表2—1　手工矫正方法

项目	内容
板材的矫正	(1)对板材凸起处的矫正，一般是用手锤击打凸起周围处，从四周向凸起部分锤击。锤点由里向外密度加大，锤击力也逐渐加大，使凸起部分慢慢消失。对于薄钢板几个相邻凸起处，应在凸起的相交处进行轻轻锤击，使其连成一片，再锤击四周即可消除。 (2)对板材波浪形缺陷矫正，主要从四周向中间锤打，锤击点逐渐增加，锤击力越来越大，最终使波浪形消失而归于平整。 (3)弯曲变形的修整，要从未翘起处的对角线进行敲击，使其延伸而平整。对于铝板还可用橡胶带拍打周边，再用橡胶锤或铝锤敲打中部即可归于平整
型钢的矫正	(1)角钢弯曲、变形的处理：角钢外弯时，放在钢圈上，弯曲凸处向上用锤击，产生反向弯曲而纠正；同样内弯使背面朝上立放锤击即可调直。角钢扭曲可在虎钳上用扳手修整。角钢变形在三角铁和平台上进行调直。 (2)扁钢弯、扭曲的矫正：扁钢弯曲用锤击法使其平直，扭曲可固定在虎钳上用扳手反向扭转纠正。 (3)槽钢的修整：对于槽钢立弯，将其放在平台上，凸部向上，锤击凸部腹板；对于旁弯可放在两根平行圆钢制成的平台上，锤击翼板；槽钢扭曲的校正，是将其放在平台上，将扭曲部伸出，将槽钢本体固定后进行锤击，使它反方向扭转，慢慢移动，然后调头进行锤击

【技能要点 2】机械矫正方法

机械矫正方法主要是用矫正机进行修整，一般使用的矫正机有平板机、型钢矫正机和压力机等。机械矫正效率高，矫正质量有保证。

【技能要点 3】加热方法

加热矫正主要是用焊枪对钢材局部变形进行加热烘烤，并进行必要的敲击，使其达到平整的要求。对于板材中间凸起处可将其固定在平台上，用点状加热（即用焊枪在板材上加热许多点）法或采取线状加热（将凸起处加热成一条线）法，先在凸起处周围加热，再逐步缩小面积，即可修整好。对波浪形缺陷的处理，可用线状加热法，先从波浪形两侧平处开始，向其围拢，加热线的长度为板宽的一半左右，距离为 50～200 mm。

第二节　风管的制作方法

【技能要点 1】一般规定

（1）通风管道规格的检验，风管以外径或外边长为准，风道以内径或内边长为准。通风管道的规格宜按照表 2—2、表 2—3 的规定。圆形风管应优先采用基本系列。非规则椭圆形风管参照矩形风管，并以长径平面边长及短径尺寸为准。

表 2—2　圆形风管规格　（单位：mm）

风管直径 D			
基本系列	辅助系列	基本系列	辅助系列
100	80	320	300
	90	360	340
120	110	400	380
140	130	450	420
160	150	500	480
180	170	560	530

续上表

风管直径 D			
基本系列	辅助系列	基本系列	辅助系列
200	190	630	600
220	210	700	670
250	240	800	750
280	260	900	850
1 000	950	1 600	1 500
1 120	1 060	1 800	1 700
1 250	1 180	2 000	1 900
1 400	1 320		

表 2—3　矩形风管规格　（单位：mm）

风管边长				
120	320	800	2 000	4 000
160	400	1 000	2 500	—
200	500	1 250	3 000	—
250	630	1 600	3 500	—

（2）风管系统按其系统的工作压力分为 3 个类别，其类别划分应符合表 2—4 的规定。

表 2—4　风管系统类别划分

系统类别	系统工作压力 P(Pa)	密封要求
低压系统	$P\leqslant 500$	接缝和接管连接处严密
中压系统	$500<P\leqslant 1\,500$	接缝和接管连接处增加密封措施
高压系统	$P>1\,500$	所有的拼接缝和接管连接处均应采取密封措施

（3）镀锌钢板及各类含有复合保护层的钢板，应采用咬口连接或铆接，不得采用影响其保护层防腐性能的焊接方法。

（4）风管的密封应以板材连接的密封为主，可采用密封胶嵌缝和其他方法密封。密封胶性能应符合使用环境的要求，密封面宜设在风管的正压侧。

【技能要点 2】硬聚氯乙烯风管的制作

1. 板材划线放样

(1)硬聚氯乙烯风管加热冷却后将收缩。为防止风管制作后收缩变形，划线放样前应对每批板材进行试验，确定其收缩量，以便划线放样时放出收缩量。

(2)在聚氯乙烯板上划线放样应该用红色铅笔，不要用锋利的划针，防止板材表面由于划痕而产生折裂。

(3)划线放样前，要对板材的规格、风管尺寸、烘箱及加工等机具大小全面考虑，合理安排，从而节省材料，减少切割和焊缝。同时还应使相邻的纵缝交错排列，不允许纵缝在同一条线上。如果制作的是矩形风管，风管的四角要加热折角，不应将焊缝留在转角处。板材中若有裂纹、离层等缺陷，划线时须避开不用。

(4)硬聚氯乙烯风管的部件、配件展开划线方法与金属风管制作相同，但要对板材四边用角尺划方。

2. 板材切割

(1)硬聚氯乙烯塑料板材可用剪板机、圆盘锯或普通木工锯进行切割，还可以用手板锯切割。板材曲线的切割，可用手提式小直径圆盘锯或用 300～400 mm 长、齿数为每英寸 12 牙的鸡毛锯进行。锯切圆弧较小或在板内锯穿缝时，可用钢丝锯进行。

(2)使用剪板机进行切割时，厚 5 mm 以下的板材可在常温下进行。厚 5 mm 以上的板材不能在气温较低时剪切，应把板材加热到 30 ℃左右。

剪板机的简介

1. 种类

(1)龙门剪板机

龙门剪板机主要由床身、电动机、带轮、离合器、制动器、压料器、挡料器及刀片等组成，如图 2—1 所示。

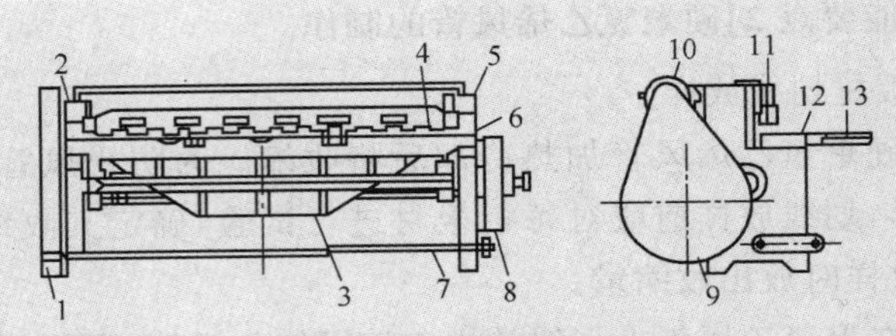

图 2—1 龙门剪板机

1—飞轮带轮防护罩；2—左立柱；3—滑料板；4—压料器；5—右立柱；6—工作台；7—脚踏管；8—离合器防护罩；9—飞轮带轮防护罩；10—挡料器齿条；11—电动机；12—平台；13—托料架直线切板机

(2) 直线切板机

①直线切板机的构造

直线切板机是切割板材的一种剪板机。这种剪板机是由电动机、机身、刀架梁及持紧器、控制器、离合器、制动器、后挡板、护板、踏板及开关等组成，如图 2—2 所示。

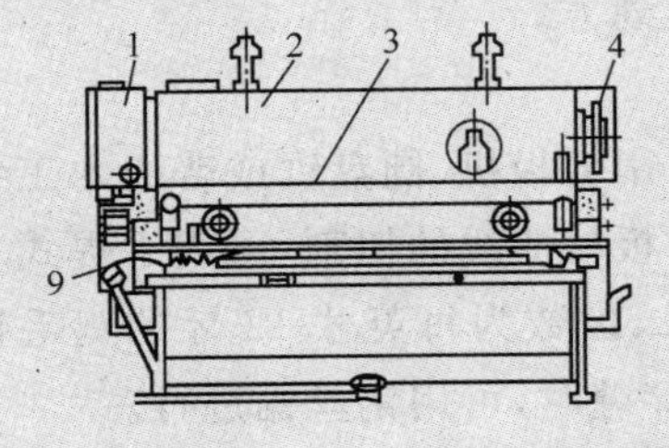

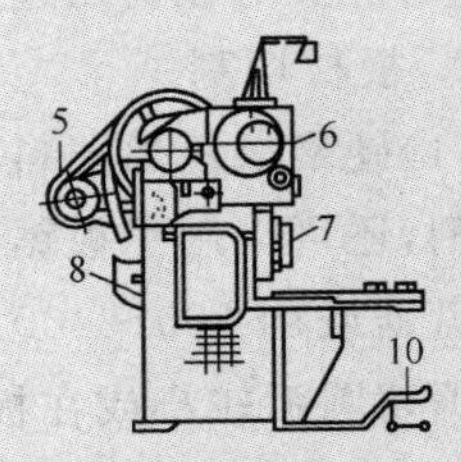

图 2—2 直线切板机

1—控制器；2—机身；3—刀架梁及持紧器；4—制动器；5—电动机；6—离合器；7—开关；8—后挡板；9—护板；10—踏板

切割板材质量由刃口间隙大小来决定，一般板厚小于 2.5 mm，其间隙为 0.1 mm；板厚小于 4 mm，其间隙为 0.16 mm；板厚小于 5 mm，其间隙为 0.32 mm。

②直线切板机的工作程序

切割时，上刀片沿两头导轨槽上下动作，板材由刀架梁固定，后挡板用来限制切割量，护板为保护装置，防止出现事故。切板机可间断运行，也可连续切割。

③振动剪板机

振动剪板机用于切割曲线板材。剪板机是由电动机、机身、悬臂、台板、刀片、导轨等组成，如图 2—3 所示。

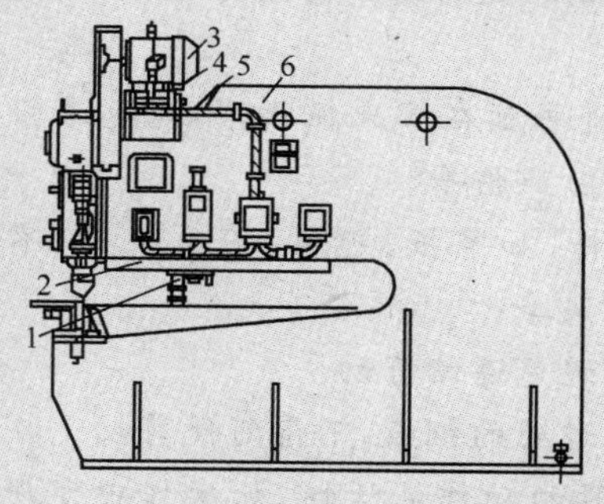

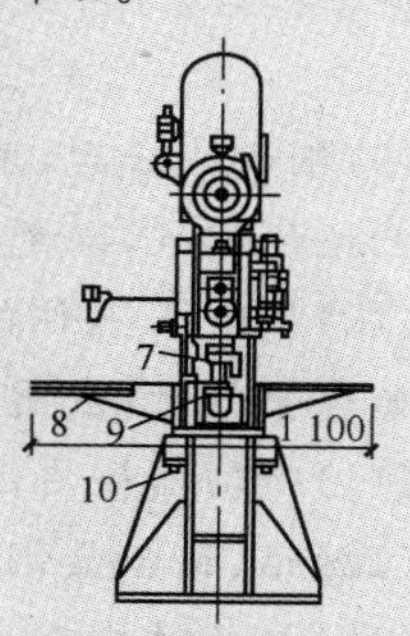

图 2—3　振动剪板机

1—定心器；2—导轨；3—电动机；4—台板；5—支架；6—上悬臂；7—上刀片；8—工作台；9—下刀片；10—调整螺钉

剪板机的动作由电动机带动带轮，曲柄机构使固定刀片的滑块作往复运动；由定心器找正板材，下刀片固定在工作台下方；工作台位置用螺钉调整。

2. 使用

(1)使用前应检查刀口角度及崩牙、卷刃等缺陷，剪刀刃必须保持锐利，其全长直线度不得超过 0.1 mm。

(2)机械转动后，带动上刀刃空剪 2～3 次，检查走刀、离合器、压板等各部分工作正常后，方可进行剪切。

(3)压料装置的各个压脚与平台的间隙应一致。

(4)更换剪刀以及中间调整剪刀时，上下剪刀的间隙一般以前切钢板厚度的 5% 为宜。调整剪刀间隙后，应用手盘动转动机构，检查剪刀有无刮碰。

(5)钢板如有焊疤或氧化皮等易损伤刀刃的杂物时，必须先清理干净才可剪切。

(6)有咬口的钢板应尽量避免在剪床剪切，如确需剪切时，应先将咬口凿开。

(7)严禁将薄钢板重叠剪切,也不得同时剪切两项作业。

(8)成批剪料时,应先把挡板调到所需要的位置,做出样品,经检查合格后,方可成批剪切。送料时不要用力过猛,避免挡板移动。

(9)钢板放好后,不得将手放在剪床压脚下面,也不得在工作台上托住钢板,以免剪切时压伤手。

(10)压脚压不住的板料,如窄板、翘板、不平板等,不得剪切。如剪长料时,应用台架架平。

(11)踏动踏板要迅速,避免连续剪切。

(12)铅、铝合金钢板或过硬的钢板,不得随便剪切。

(13)要随时检查离合器的动作灵活性,如操作中发现不灵活,应及时停车加以维修,符合要求后再开车。

(14)对机械的各润滑部位,要定期定时加注润滑油(脂),以确保机械的正常运转。

(3)锯切时,应将板材贴在圆盘锯工作台面上,均匀地沿切线切割,锯切线速度应视板材厚度而定,一般应控制在 3 m/min 之内。在接近锯完时,应减低速度,避免板材破裂。在操作时,为避免板材在切割中过热而发生烧焦或粘住现象,可用压缩空气对切割部位进行局部冷却。

3. 硬聚氯乙烯风管的成型

(1)模具制作:模具一般用钢管、薄钢板、木料等制作成,为便于脱膜均制作成可拆卸的内膜,木模圆管的外径等于风管的内径,其长度长出风管板宽的 100 mm。异型管件还可按整体的 1/4～1/2 制作各种形状的木模。模具的质量直接影响着塑料风管的圆弧度,尽量用车床车圆,将模具的外表面打光,保证圆弧均匀、正确、光滑。

(2)加热成型:将已切割好的塑料板加热到 80 ℃～160 ℃。当塑料板处于柔软可塑状态时,按所需的形式进行整形,再将其冷却后即可形成整形后的固体状态,即热加工成各种规格的风管和各种形态的配件及管件。在热加工过程中,应趁热一次整形完毕,要尽量避免多次加热整形。

(3)矩形风管成型:矩形风管四角可采用4块板料成型或者采用煨角成型,但前者强度较低。宜采用煨角成型时,纵向焊缝必须设在距煨角大于80 mm处,以提高风管强度。折方时,把划好折线的板材放在两根管式电加热器中间,并把折线对正加热器,使折线处进行局部加热。加热处变软时,迅速抽出放在手动扳边机上,把板材折成90°角。待加热处冷却后才能取出。塑料板折方处加热宽度一般为5～6倍的塑料板厚度。折方部位不得有焦黄、发白、裂痕等情况,成型后不得有明显的扭曲和翘角。

折方机具的简介

1.工作原理

图2—4是一台机械折方机,它由电动机、机架、立柱、工作台、压梁、折梁及齿轮等组成。其工作原理是电动机带动齿轮、蜗杆,通过传动机构使折梁和压梁抬起或放下,完成折方工艺。

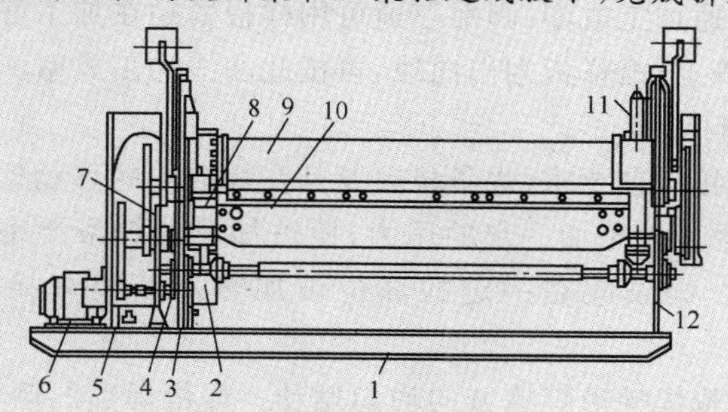

图2—4　折方机

1—焊制机架;2—调节螺钉;3,12——立柱;4,5—齿轮;6—电动机;7—杠杆;8—工作台;9—压梁;10—折梁;11—调节压杆

2.使用要点

(1)折方机使用前,应使离合器、连杆等部件动作灵活,并经空负荷运转,机械符合使用要求后再使用。

(2)加工板长超过1 m时,应当由2人以上进行作业,以保证折方的质量。

(3)折方时,参加作业人员要密切配合,并与设备保持安全距离,防止钢板碰伤人。

(4)对机械的润滑点,要按时加注润滑油(脂),以使设备保持正常的工作状态。

(4)变径管加工成型:圆形大小头、矩形大小头、天圆地方可接金属风管展开放样,留出加热后收缩量。切割后,矩形风管大小头可按矩形风管方法加热折方成型。

(5)弯头的加工成型:将板材放样划线切割后,放到电热箱中加热。圆形风管弯头用前面介绍的方法卷成圆筒形。用样板紧贴在加工好的直管上,沿展开线划线截出若干管节。矩形风管弯头的两块侧板可按图形切割出,背板和里板应放出加热后的收缩量再切割。切割后放入电热箱中加热,然后将加热好的板料用相同圆弧的直管胎模加工成型。

(6)三通加工成型:圆形三通可用样板紧贴在加工好的圆形大小头或圆管上,沿样板划出曲线,再按此曲线加工成型。

4. 塑料焊接

(1)焊接工艺要求:焊条位置及其在焊缝中的移动。焊条应垂直于焊缝平面并施加一定的压力,使被加热的焊条严密地与板材本体粘合。焊条应在一定的部位被加热使其离焊接点不远处软化。

(2)焊枪焊嘴沿焊缝方向均匀摆动。焊枪焊嘴的倾斜角,根据被焊板材的厚度来确定,当板厚小于或等于 5 mm 时,倾斜角 α 为 15°～20°;板厚为 5～10 mm 时,α 为 25°～30°;当板厚大于 10 mm 时,α 为 30°～45°。

(3)为了使焊缝处焊条与板材本体有良好的接合,焊接时可先加热焊条,使其一端弯成直角,再插入已加热的焊缝中,使焊条的尖端留出焊缝 10～15 mm。准备工作包括:将塑料板的对面刨平,使焊接端面与加热器接触,并用夹具把板材夹紧;间接发热的电加热器应送电预热,加热器暂不伸入对焊面之间。焊缝的坡口形式和角度应符合表2—5的规定。

表2—5　焊缝形式及坡口

焊缝形式	焊缝名称	图形	焊缝高度（mm）	板材厚度（mm）	焊缝坡口张角 α(°)
对接焊缝	V形单面焊	α；1~1.5；0.5~1	2～3	3～5	70～90
对接焊缝	V形单面焊	α；1~1.5；0.5~1	2～3	5～8	70～90
对接焊缝	X形双面焊	α；1~1.5；0.5~1	2～3	≥8	70～90
搭接焊续	搭接焊	a；≥3a	大于或等于最小板厚	—	—
填角焊缝	填角焊无坡角		大于或等于最小板厚	6～18	—

（4）对接端面必须刨平，防止受热翻浆不均匀，使局部焊缝不能熔化黏贴。

（5）对接焊后，板材将缩短2～3 mm，下料刨边时就应考虑放出余量。

(6)加热器的表面温度应根据材质和环境温度进行调整,并要控制加热时间。若温度偏低,加热时间不够,会使对接面翻不出浆或翻浆不够,影响对接焊质量;温度偏高,加热时间过长,会使翻浆过快,翻浆宽度过宽,焊口溶浆过多地挤向两边,甚至烧焦。翻浆宽度一般为 1.5～2 mm。

(7)控制好对接焊压力:对接焊压力要适当,防止焊口错位和挤压不密实。在加热过程中随着塑料翻浆应稍稍增加压力,使受热面与加热器保持良好接触。

(8)粘附在加热器上的塑料浆应随时消除,保持焊接面的清洁。

(9)焊合后板材要缩短,下料时应放出 2～3 mm 的余量。

(10)为保证热对接焊的焊接质量,应对焊口接合处锯边平口。

5. 塑料风管法兰盘制作

(1)圆形法兰盘制作的方法,是将塑料板锯成条状板,并在内圆侧开出坡口后,放到电热烘箱内加热,取出后在圆形胎具上煨成圆形法兰,趁热压平冷却后进行焊接和钻孔。

(2)矩形法兰制作方法,是将塑料板锯成条形板,并开好坡口后在平板上焊接而成。

6. 塑料风管的组配和加固

(1)为避免介质对风管法兰金属螺栓的腐蚀和自法兰间隙中泄漏,管道安装尽量采用无法兰连接。加工制作好的风管应根据安装和运输条件,将短风管组配成 3 m 左右的长风管。

(2)风管组配采取焊接方式。风管的纵缝必须交错,交错的距离应大于 60 mm。圆形风管管径小于 500 mm,矩形风管大边长度小于 400 mm,其焊缝形式可采用对接焊缝;圆形风管管径大于 560 mm,矩形风管大于 500 mm,应采用硬套管或软套管连接,风管与套管再进行搭接焊接。

(3)硬聚氯乙烯板风管及配件的连接采用焊接,可分别采用手工焊接和机械热对挤焊接,并保证焊缝应填满焊条,排列应整齐,不得出现焦黄、断裂等缺陷，焊缝强度不得低于母材的60%。

(4)硬聚氯乙烯板风管亦可采用套管连接。其套管的长度为150～250 mm，其厚度不应小于风管的壁厚。

(5)聚氯乙烯板风管承插连接。当圆形风管的直径≤200 mm可采用承插连接，插口深度为40～80 mm。粘接处的油污应清除干净，粘接应严密、牢固。

(6)为了增加风管的强度，应对风管进行加固。当风管直径或边长大于500 mm时，连接处加三角支撑，支撑间距为300～400 mm。连接法兰的两个三角支撑应对称，使其受力均匀。矩形风管四角应焊接成型，边长≥630 mm和煨角成型边长≥800 mm的风管，管段长度大于1 200 mm时，可用与法兰同规格的加固框或加固筋，用焊接固定。

【技能要点3】金属风管的制作

1. 材料规格要求

(1)制作风管及配件的钢板厚度应符合表2—6的规定。

表2—6　风管及配件钢板厚度

类别 风管直径 D 或长边尺寸 b	圆形风管	矩形风管		除尘系统风管
		中低压系统	高压系统	
$D(b)\leqslant320$	0.5	0.5	0.75	1.5
$320<D(b)\leqslant450$	0.6	0.6	0.75	1.5
$450<D(b)\leqslant630$	0.75	0.6	0.75	2.0
$630<D(b)\leqslant1000$	0.75	0.75	1.0	2.0
$1\,000<D(b)\leqslant1250$	1.0	1.0	1.0	2.0
$1\,250<D(b)\leqslant2\,000$	1.2	1.0	1.2	按设计
$2\,000<D(b)\leqslant4\,000$	按设计	1.2	按设计	

注：1. 螺旋风管的钢板厚度可适当减少10%～15%；
2. 烟系统风管钢板厚度可按高压系统要求；
3. 特殊除尘系统风管钢板厚度应符合设计要求；
4. 不适用于地下人防与防火隔墙的面埋管。

(2)镀锌薄钢板表面不得有裂纹、结疤及水印等缺陷，应有镀锌层结晶花纹。

(3)制作不锈钢板钢板风管和配件的板材厚度应符合表 2—7 的规定。

表 2—7 不锈钢板风管和配件板材厚度

圆形风管直径或矩形风管大边长(mm)	不锈钢板厚度(mm)
100～500	0.5
560～1 120	0.75
1 250～2 000	1.00
2 500～4 000	1.2

(4)不锈钢板材应具有高温下耐酸耐减的抗腐蚀能力。板面不得有划痕、刮伤、锈斑和凹穴等缺陷。

(5)制作铝板风管和配件的板材厚度应符合表 2—8 的规定。

表 2—8 铝板风管和配件板材厚度

圆形风管直径或矩形风管大边长(mm)	铝板厚度(mm)
100～320	1.0
360～630	1.5
700～2 000	2.0
2 500～4 000	2.5

2. 划线

划线包括直角线、垂直平分线、平行线、角平分线、直线等分、圆等分等。展开方法宜采用平行线法、放射线法和三角线法。根据图及大样风管不同的几何形状和规格、分别进行划线展开。

3. 下料

(1)板料上已做好展开图及清晰的留边尺寸下料边缘线的印迹,可进行下道剪切工序。使用手剪剪切钢板的板料厚度应小于 0.8 mm。其余的一般都用机具剪切。

(2)板材剪切必须进行下料的复核,以免有误,按划线形状用机械剪刀和手工剪刀进行剪切。

机械剪刀的介绍

主要切割板材的是直线和曲线。剪刀最大厚度为 3 mm。剪切最小曲率半径为 30～50 mm。

操作时，两刀刃的横向间隙调整可按板材厚度和软硬程度而定，剪较硬板材间隙应大些。装配刀具时，转动偏心轴，使两刀刃间距要大，刀尖搭接约 0.1～0.6 mm，调好后拧紧螺钉。

(3)剪切时，手严禁伸入机械压板空隙中。上刀架不准放置工具等物品，调整板料时，脚不能放在踏板上。使用固定式震动剪两手要扶稳钢板，手离刀口不得小于 5 cm，用力均匀适当。

(4)板材下料后在轧口之前，必须用倒角机或剪刀进行倒角工作。倒角形状如图 2—5 所示。

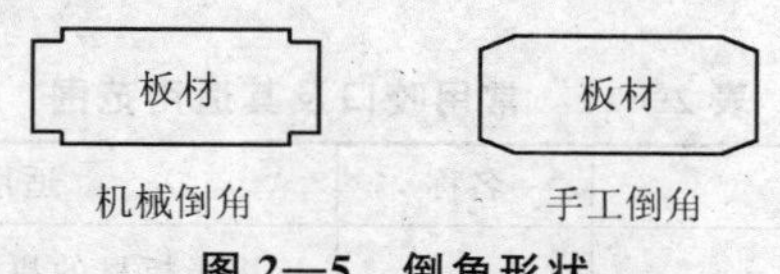

图 2—5　倒角形状

4. 风管的咬接

(1)金属薄板制作的风管采用咬口连接、铆、焊接等不同方法。不同板材咬接或焊接界限规定见表 2—9。

表 2—9　金属风管的咬接或焊接界限

板厚(mm)	材质		
	钢板(不包括镀锌钢板)	不锈钢板	铝板
δ≤1.0	咬接	咬接	咬接
1.0<δ≤1.2	咬接	咬接	咬接
1.2<δ≤1.5	咬接	焊接(氩弧焊及电焊)	咬接
δ>1.5	焊接(电焊)	焊接(氩弧焊及电焊)	焊接(气焊或氩弧焊)

(2)咬口连接类型宜用如图 2—6 所示的形式。咬口宽度和留量根据板材厚度确定，应符合表 2—10 的要求。

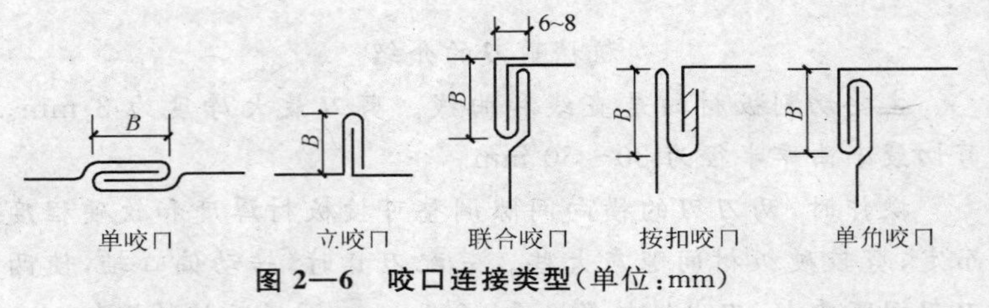

图 2—6　咬口连接类型(单位:mm)

表 2—10　咬口宽度表　　(单位:mm)

钢板厚度	平咬口宽 B	角咬口宽 B
0.7 以下	0.7～0.82	0.9～1.2
6～8	8～10	10～12
6～7	7～8	9～10

(3)咬口连接根据使用范围选择咬口形式。适用范围可参照表 2—11。

表 2—11　常用咬口及其适用范围

型式	名称	适用范围
	单咬口	用于板材的拼接和圆形风管的闭合咬口
	立咬口	用于圆形管或直接的管节咬口
	联合角咬口	用于矩形风管、变管、三通管及四通管的咬接
	转角式咬口	较多的用于矩形直管的咬缝和有净化要求的空调系统,有时也用于弯管成三通管的转角咬口缝
	接扣式咬口	现在矩形风管大多采用此咬口,有时也用于弯管、三通管或四通管

(4)咬口时手指距滚轮护壳不小于 5 cm,手柄不准放在咬口机轨道上,扶稳板料。

咬口机的介绍

1. 普通咬口机

(1)构造

①按扣式咬口折边机主要是对矩形风管及矩形管件进行咬口和折边工艺，如图 2—7 所示。

②按扣式咬口折边机主要是对 0.5～1 mm 板厚的矩形风管及管件进行制作加工成型。

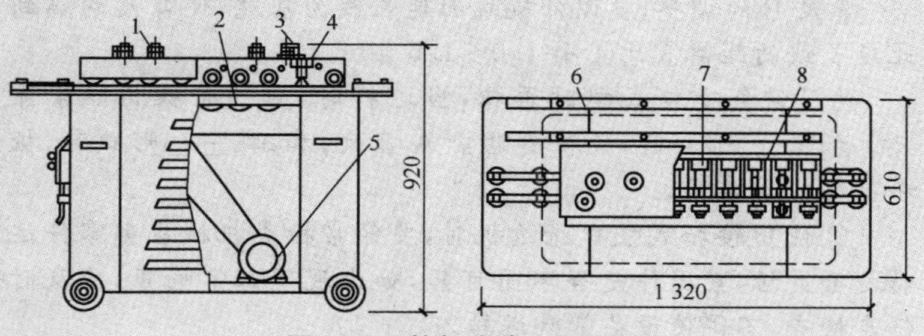

图 2—7　按扣式咬口折边机

1—中辊调整螺栓；2—下辊；3—调整螺栓；4—外辅助轮；
5—电动机；6—进料导轨；7—中滚；8—外滚

③按扣式咬口折边机主要由机架部分(型钢和钢板焊接成型)、上横梁部分(由横梁板、9 根滚托轴、滚轮和齿轮等组成)、下横梁部分(由横梁板、滚轮轴、滚轮和齿轮组成)、传动部分(带轮、减速机等组成)等四大部件组合而成。

(2)使用要点

①机械使用前，要根据板材厚度和咬口折边宽度进行适当的调整，如图 2—8 所示。

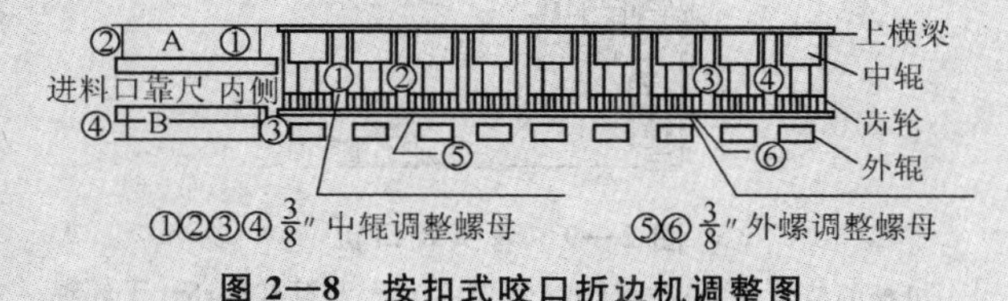

图 2—8　按扣式咬口折边机调整图

a. 加工__┘形口的调整方法：将图 2—8 中①～④调整螺母拧紧后，再将①、②回拧 100°，③、④回拧 180°，此时如要该形口的内侧比外侧长时，再将①、②拧紧 50°，此时如该形口的外侧比内侧长时，再将①、②回拧 5°。

靠尺 A 的调整，要以上横梁板延长线为基准，使靠尺两端到此延长线的距离②比①要大 2.0～2.5 mm。

b. 加工═══形口的调整方法：将⑤、⑥调整螺母拧紧后，再回拧 120°，如出现板材空滑时，应将调整螺母再拧紧 10°左右。

靠尺 B 的调整，要以外辊端面延长线为基准，使靠尺两端到此延长线的距离③比④小 1.0～1.5 mm。

为了避免咬口成型时歪扭，当进料时，必须将板材贴紧靠尺。加工__┘形口时，板料要贴紧 A 靠尺；加工═══形口时，板料要贴紧 B 靠尺。

②使用按扣式咬口折边机时，要经常检查机械各部零件运转是否灵活，紧固件是否牢固可靠，如出现不正常响声，应及时停车检查，不得使设备带病运转。

③设备开车前，要对滚轮表面加油，传动齿轮部分定时加注润滑油，轴承内期加注润滑脂。

2. 接扣式咬口折边机

(1)构造

弯头咬口机结构如图 2—9 所示。

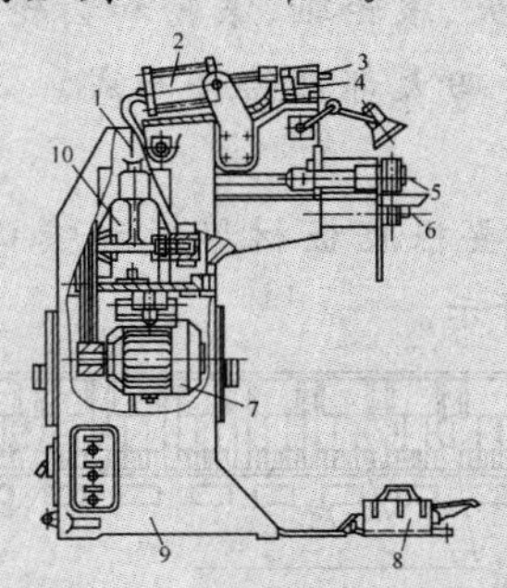

图 2—9　弯头咬口机

1—机械的铸造外壳；2—气缸；3—开关；4—双臂杠杆；5—下轧辊；6—上轧辊；7—电动机；8—气动脚踏开关；9—机架；10—减速机

(2)使用要点

①设备使用前，要检查压轮与角度挡板等是否灵活、好用，压轮的尺寸是否适合咬口压边的尺寸要求。

②操作时，先升起上压轮，并根据弯头直径的圆弧调整上部及左右两个小压轮，使其间隙相同。压边的弯头管节就位后，与挡板贴紧，然后转动丝杠使滚轮压住钢板，并根据弯头管节的角度调整下部角度板，使弯头管节在压边时不至晃动。

③设备操作者应平稳地压住弯头，压边成型分次调整上压轮，一般完成一个压边尺寸要调整压轮3～4次。弯头管节经压制后，将上压轮升起并取出管节，即可组对咬口。

3. 小截面风管咬口成型机

小截面风管咬口成型机主要用于直缝折边、装配及咬口、压口等。联合咬口成型机是由电动机、机架、传动装置、合缝机构、拉杆、气缸、压模等组成。其工作原理主要是通过压模使风管上、下部成型，然后进行折边，组对和咬缝，完成加工工艺。

(5)咬口后的板料将划好的折方线放在折方机上，置于下模的中心线。操作时使机械上刀片中心线与下模中心线重合，折成所需要的角度。

(6)折方时应互相配合并与折方机保持一定距离，以免被翻转的钢板或配重碰伤。

(7)制作圆风管时，将咬口两端拍成圆弧状放在卷圆机上圈圆，按风管圆径规格适当调整上、下辊间距，操作时，手不得直接推送钢板。

(8)折方或卷圆后的钢板用合口机或手工进行合缝。操作时，用力均匀，不宜过重。单、双口确实咬合，无胀裂和半咬口现象。

5. 风管的焊缝形式

焊接时可采用气焊、电焊或接触焊，焊缝形式应根据风管的构造和焊接方法而定，可选如图2—10所示的几种形式。

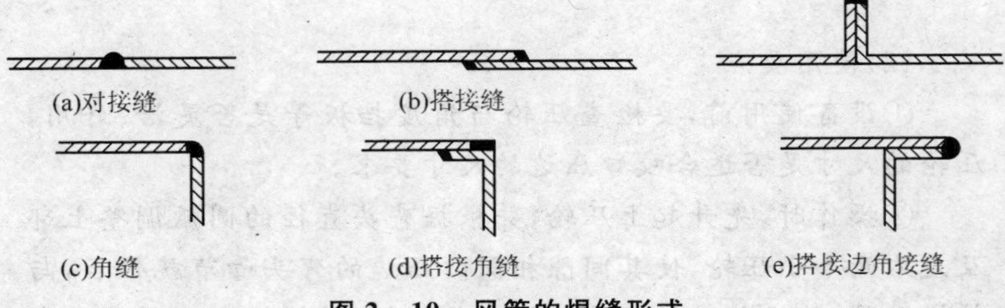

图 2—10 风管的焊缝形式

6. 法兰制作

(1)矩形风管法兰加工

①方法兰由 4 根角钢组焊而成,划料下料时应注意使焊成后的法兰内径不能小于风管的外径,用型钢切割机按线切断。

②下料调直后放在冲床上冲击铆钉孔及螺栓孔、孔距不应大于 150 mm。如采用 8501 阻燃密封胶条做垫料时,螺栓孔距可适当增大,但不得超过 300 mm。

③冲孔后的角钢放在焊接平台上进行焊接,焊接时按各规格模具卡紧。

④矩形法兰用料规格应符合表 2—12 的规定。

表 2—12 矩形风管法兰

矩形风管大边长(mm)	法兰用料规格(mm)
≤630	∟24×3
800～1 250	∟30×4
1 600～2 500	∟40×4
3 000～4 000	∟50×5

注:矩形法兰的四角应设置螺孔。

(2)圆形法兰加工

①先将整根角钢或扁钢放在冷煨法兰卷圆机上按所需法兰直径调整机械的可调零件,卷成螺旋形状后取下。

②将卷好后的型钢划线割开,逐个放在平台上找平找正。

③调整的各支法兰进行焊接、冲孔。

④圆法兰用料规格应符合表 2—13 的规定。

表 2—13　圆形加风管法兰

圆形风管直径(mm)	法兰用料规格	
	扁钢(mm)	角钢(mm)
≤140 150～280 300～500 530～1 250 1 320～2 000	−20×4 −25×4	└25×3 └30×4 └40×4

(3)无法兰加工

无法兰连接风管的接口应采用机械加工，尺寸应正确、形状应规则，接口处应严密。无法兰矩形风管接口自制四角应有固定措施。

风管无法兰连接可采用承插、插条、薄钢板法兰弹簧夹等形式，见表 2—14、表 2—15 和表 2—16。

表 2—14　圆形风管无法兰连接形式

无法兰形式		附件板厚	接口要求	使用范围	备注
承插连接	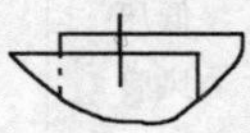	—	插入深度大于 30 mm，有密封措施	低压风管	直径小于 700 mm
带加强筋承插	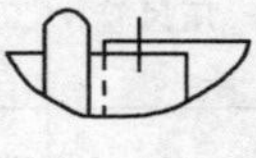	—	插入深度大于 20 mm，有密封措施	中、低压风管	—
角钢加固承插		—	插入深度大于 20 mm，有密封措施	中、低压风管	—

续上表

无法兰形式		附件板厚	接口要求	使用范围	备注
芯管连接	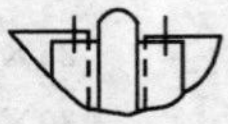	大于或等于管板厚	插入深度大于20 mm,有密封措施	中、低压风管	—
立筋抱箍连接	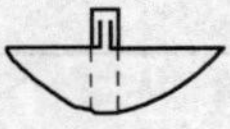	大于或等于管板厚	四角加 90°,贴角并固定	中、低压风管	—
抱箍连接	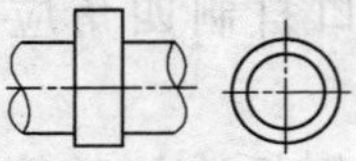	大于或等于管板厚	接头尽量靠近,不重叠	中、低压风管	宽小于或等于 100 mm

表 2—15 常用矩形风管无法兰连接形式

无法兰形式		附件板厚不小于(mm)	转角要求	使用范围	备注
S 型插条	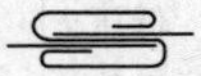	0.7	立面插条两端压到两平面各20 mm 左右	低压风管	单独使用
C 型插条		0.7	立面插条两端压到两平面各20 mm 左右	中、低压风管	——
立插条		0.7	四角加 90°,平板条固定	中、低压风管	——
立咬口	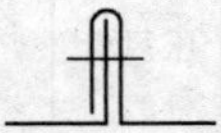	0.7	四角加 90°,贴角并固定	中、低压风管	——

续上表

无法兰形式		附件板厚不小于(mm)	转角要求	使用范围	备注
包边立咬口		0.7	四角加90°，贴角并固定	中、低压风管	——
薄钢板法兰插条		0.8	四角加90°贴角	高、中低压风管	——
薄钢板法兰弹簧夹		0.8	四角加90°，贴角	高、中低压风管	——
直角型平插条		0.7	四角两端固定	低压风管	采用此法连接时，风管大边尺寸不得大于630 mm
立联合角插条		0.8	四角加90°贴角并固定	低压风管	——

表2—16　圆形风管芯连接

直径 D(mm)	芯管长度 L(mm)	自攻螺丝或抽芯铆钉数量(个)	外径允许偏差(mm)	
			圆管	芯管
120	60	3×2	−1～0	−4～−3
300	80	4×2		
400	100	4×2		
700	100	6×2	−2～0	−5～−4
900	100	8×2		
1000	100	8×2		

(4)不锈钢、铝板风管法兰用料规格应符合图 2—11 和表 2—17的规定。

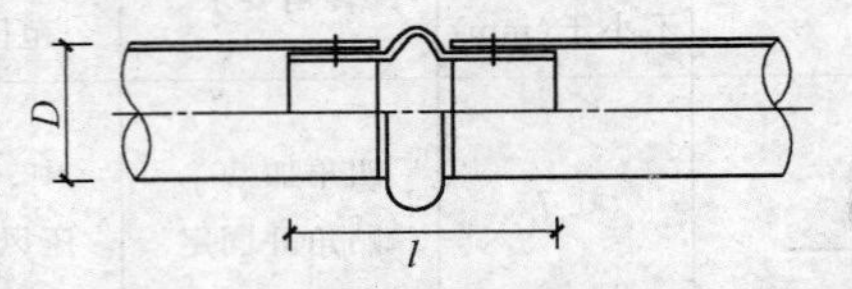

图 2—11　圆形风管芯连接

表 2—17　法兰用料规格　(单位:mm)

风管种类	圆形风管直径或长形风管大边长	法兰用料规格		
		角钢	扁不锈钢	扁铝
圆、矩形不锈钢风管	≤280	-25×4		
	320～560	-30×4	—	—
	630～1 000	-35×4	—	
	1 120～2 000	-40×4	—	
圆、矩形铝板风管	≤280	∟30×4	—	-30×6
	320～560	∟35×4	—	-35×8
	630～1 000	—	—	-40×10
	1 120～2 000	—	—	-40×12
	>2 000	∟40×4		

7. 风管加固

(1)加固的方法有:接头起高的加固法(即采用立咬口);风管的周边用角钢加固圈;风管大边用角钢加固;风管内壁纵向设置肋条加固,风管钢板上滚槽或压棱加固。对风管加固的质量要求是:风管加固最起码要达到牢固,如果要达到优良,还需要做到整齐,每档加固的间距应适宜、均匀、相互平行。

(2)风管加固形式及要求:风管的加固可采用楞筋、立筋、角钢(内、外加固)、扁钢(采用立加固)、加固筋和管内支撑等形式,如图 2—12 和图 2—13 所示。

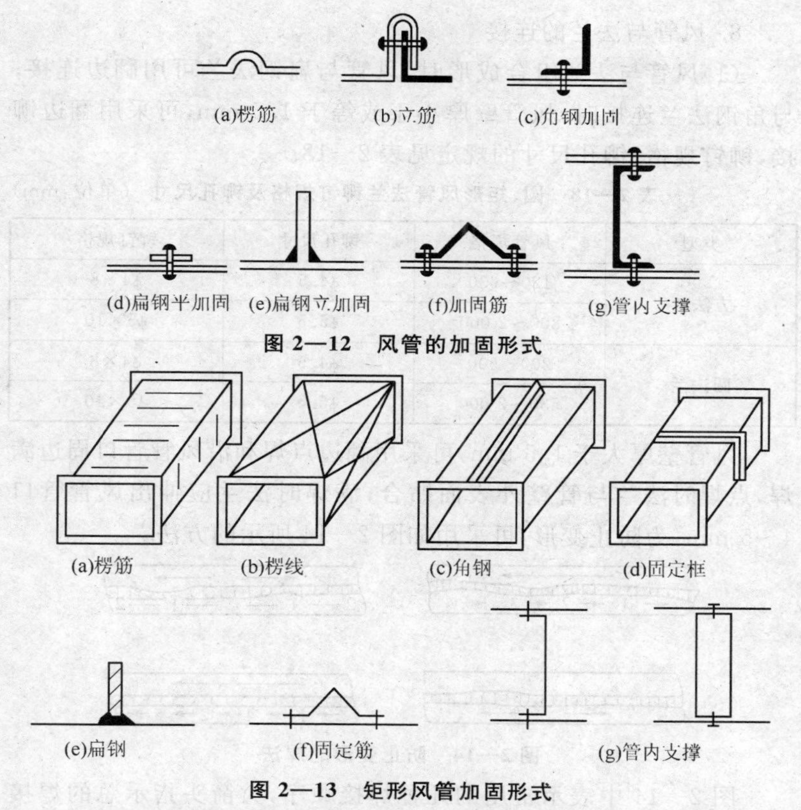

图 2—12　风管的加固形式

图 2—13　矩形风管加固形式

(3)楞筋或楞线的加固应排列规则，间隔均匀，板面不应有明显的变形。

(4)角钢、加固筋的加固应排列整齐、均匀对称，其高度应小于或等于风管的法兰宽度。角钢、加固筋与风管的铆接应牢固、间隔应均匀，间距不应大于 220 mm；两相交处应连接成一体。

(5)支撑与风管的固定应牢固，各支撑点之间或与风管的边沿或法兰的间距应均匀，不应大于 950 mm。

(6)中压和高压系统风管的管段其长度大于 1 250 mm 时，还应有加固杠补强。高压系统金属风管的单咬口缝还应有防止咬口缝胀裂的加固或补强措施。

8. 风管与法兰的连接

(1)风管与法兰组合成形时，风管与扁钢法兰可用翻边连接；与角钢法兰连接时，风管壁厚小于或等于 1.5 mm，可采用翻边铆接，铆钉规格、铆孔尺寸的规定见表 2—18。

表 2—18　圆、矩形风管法兰铆钉规格及铆孔尺寸　(单位：mm)

类型	风管规格	铆孔尺寸	铆钉规格
方法兰	120～630	ϕ4.5	ϕ4×8
	800～2 000	ϕ5.5	ϕ5×10
圆法兰	200～500	ϕ4.5	ϕ4×8
	530～2 000	ϕ5.5	ϕ5×10

风管壁厚大于 1.5 mm，可采用翻边点焊和沿风管管口周边满焊，点焊时法兰与管壁外表面贴合；满焊时法兰应伸出风管管口 4～5 mm，为防止变形，可采用如图 2—14 所示的方法。

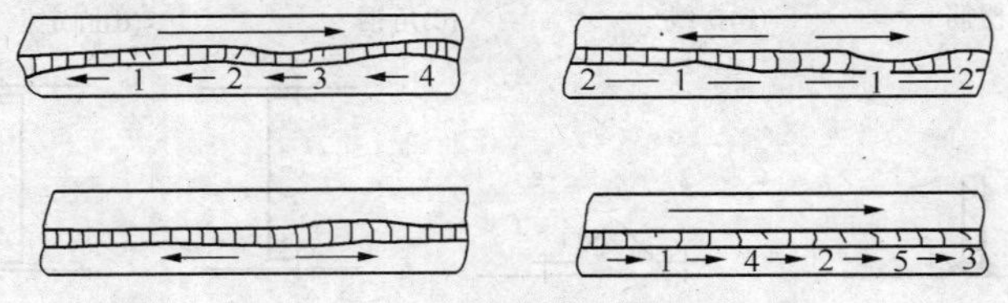

图 2—14　防止变形的焊法

图 2—14 中表示常用的几种焊接顺序，大箭头指示总的焊接方向，小箭头表示局部分段的焊接方向，数字表示焊接先后顺序。这样可以使焊件比较均匀地受热和冷却，从而减少变形。

(2)风管与法兰铆接前先进行技术质量复核，合格后将法兰套在风管上，管端留出 10 mm 左右翻边量，管折方线与法兰平面应垂直，然后使用液压铆钉钳或手动夹眼钳用铆钉将风管与法兰铆固，并留出四周翻边。

(3)翻边应平整，不应遮住螺孔，四角应铲平，不应出现豁口，以免漏风。

(4)风管与小部件(嘴子、短支管等)连接处，以及三通、四通分支处要严密，缝隙处应利用锡焊或密封胶堵严以免漏风。使用锡焊、熔漏时锡液不许着水，防止飞溅伤人，盐酸要妥善保管。

9. 不锈钢板风管制作

在制作不锈钢风管、配件和部件时必须要采取以下措施保护其表面的钝化膜。

(1)加工场地(台)应铺设木板或橡胶板，工作前要把板上的铁屑、铁锈等杂物清扫干净。

(2)划线时不要用锋利的金属划针在不锈钢板表面划线和冲眼，应先用其他材料做好样板，再到不锈钢板上套材下料。

(3)采用机械加工时，不要使机械超载工作，防止机械过度磨损或损坏。剪切不锈钢板时，应仔细对好上、下刀刃的间隙，刀刃间的间隙一般为板材厚度的 0.04 倍。

(4)制作不锈钢风管，当板厚大于 1 mm 时采用焊接，板厚等于或小于 1 mm 时采用咬口连接。

(5)咬口时，要用木锤或不锈钢、铜质的手工工具，不要用普通的钢质工具。用机械加工时应清除机台上的铁屑、铁锈等杂物。

(6)焊接时，一般用氩弧焊或电弧焊。焊接后，应清除焊渣和飞溅物，然后用 10%的硝酸溶液酸洗，再用热水冲洗干净。

(7)不锈钢风管的法兰应采用不锈钢板制作，如果条件不允许，采用普通碳素钢法兰代用时，必须采取有效的防腐蚀措施，如在法兰上涂防锈底漆和绝缘漆等。风管与法兰作翻边连接。

10. 铝板风管制作

(1)加工场地(平台)：为防止砂石及其他杂物对铝板表面造成硬伤，在加工的地面上须预先铺一层橡胶板，并且要随时清除各种废金屑、边角料、焊条头子等杂物。

(2)铝板壁厚小于或等于 1.5 mm 时，可采用咬接；大于 1.5 mm时，可采用气焊或氩弧焊焊接。

(3)焊接前，应严格清除焊缝边缘两侧 20～30 mm 以内和焊丝表面的油污、氧化物等杂质，要使其露出铝的本色，焊接后应用热水去除焊缝表面的焊渣、焊药等。焊缝应牢固，不得有虚焊、穿孔等缺陷。

(4)铝合金板不得与铜、铁等重金属直接接触,以免产生电化学腐蚀。

(5)铝板风管采用角形法兰,应以翻边连接,并用铝铆钉固定。用角钢作铝风管的法兰时,角钢必须镀锌或刷绝缘漆。

11. 塑料复合钢板风管制作

塑料复合钢板风管制作工艺和薄钢板基本相同。不得损坏复合钢板的塑料层。加工时,一般只能采用咬口连接。咬口的机械不要有尖锐的棱边,以免轧出伤痕。施工过程中,注意不要在地上拖动。放样划线时不要用锋利的金属划针。若发现有损伤的地方,应另行刷漆保护。

12. 风管的防腐

(1)风管喷漆防腐不应在低温(低于+5 ℃)和潮湿(相对湿度不大于 80%)的环境下进行,喷漆前应清除表面灰尘、污垢与锈斑并保持干燥。喷漆时应使漆膜均匀,不得有堆积、漏涂、皱纹、气泡及混色等缺陷。

普通钢板在压口时必须先喷一道防锈漆,保证咬缝内不易生锈。

(2)薄钢板的防腐油漆如无设计要求,可参照表 2—19 的规定执行。

表 2—19 薄钢板油漆

风管所输送的气体介质	油漆类别	油漆遍数
不含有灰尘且温度不高于 70 ℃的空气	内表面涂防锈底漆	2
	外表面涂防锈底漆	1
	外表面涂面漆(调和漆等)	2
不含有灰尘且温度高于 70 ℃的空气	内、外表面各涂耐热漆	2
含有粉尘或粉屑的空气	内表面涂防锈底漆	1
	外表面涂防锈底漆	1
	外表面涂面漆	2
含有腐蚀性介质的空气	内外表面涂耐酸底漆	≥2
	内外表面涂耐酸面漆	≥2

注:需保温的风管外表面不涂胶粘剂时,宜涂 2 遍防锈漆。

(3)风管成品检验后应按图中主干管、支管系统的顺序写出连接号码及工程简名，合理堆放码好，等待运输出厂。

【技能要点4】玻璃钢风管的制作

1. 一般规定

(1)按大样图选适当模具支在特定的架子上开始操作。风管用1∶1经纬线的玻纤布增强，无机原料的重量含量为50%～60%。玻纤布的铺置接缝应错开，无重叠现象。原料应涂刷均匀，不得漏涂。

(2)玻璃钢风管和配件的壁厚及法兰规格(图2—15)应符合表2—20的规定。

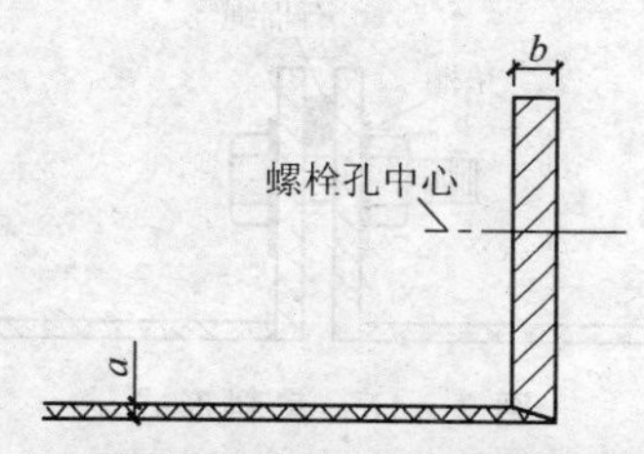

图2—15　玻璃钢风管和配件的壁厚及法兰规格

a—管壁厚；b—法兰厚

表2—20　玻璃钢风管和配件壁厚及法表规格

矩形风管大边尺寸(mm)	管壁厚度δ(mm)	法兰规格 a×b(mm)
＜500	2.5～3	40×10
501～1 000	3～3.5	50×12
1 001～1 500	4～4.5	50×1
1 501～2 000	5	50×15

(3)法兰孔径：

①风管大边长小于1 250 mm，孔径为9 mm。

②风管大边长大于1 250 mm，孔径为11 mm。

③法兰孔距控制在110～130 mm之内。

(4)法兰与风管应成一体与壁面要垂直，与管轴线成直角。

(5)风管边宽大于2 m(含2 m),单节长度不超过2 m,中间增一道加强筋,加强筋材料可用50 mm×5 mm扁钢。

(6)所有支管一律在现场开口,三通口不得开在加强筋位置上。

2.安装工艺

(1)玻璃钢风管连接采用镀锌螺栓,螺栓与法兰接触处采用镀锌垫圈以增加其接触面。

(2)法兰中间垫料采用 $\phi6\sim\phi8$ mm石棉绳,若设计同意也可采用8501胶条垫料规格为12 mm×3 mm。垫料形式如图2—16所示。

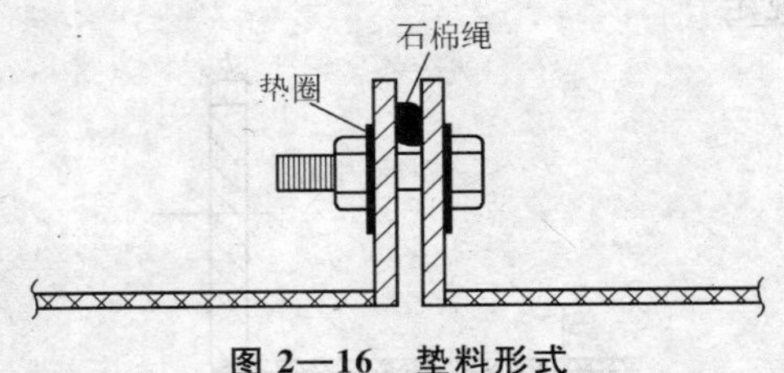

图2—16 垫料形式

(3)支吊托架形式及间距按下列准执行:

1)风管大边≤1 000 mm,间距小于3 m(不超过)。

2)风管大边>1 000 mm,间距小于2.5 m(不超过)。

(4)因玻璃钢风管是固化成型且质量易受外界影响而变形,故支托架规格要比法兰高一档(表2—21)以加大受力接触面。

表2—21 支托架规格 (单位:mm)

风管大边长	托盘	吊杆
<500	∟40×4	$\phi8$
501~100	∟50×4	$\phi10$
1 001~2 000	∟50×5	$\phi10$
>2 000	∟50×4.5	$\phi12$

(5)风管大边大于2 000 mm,托盘采用5号槽钢为加大受力接触面。要求槽钢托盘上面固定一铁皮条,规格为100 mm(宽)×1.2 mm(厚),如图2—17所示。

(6)所有风管现场开洞、孔位置规格要正确,要求先打眼后开洞。

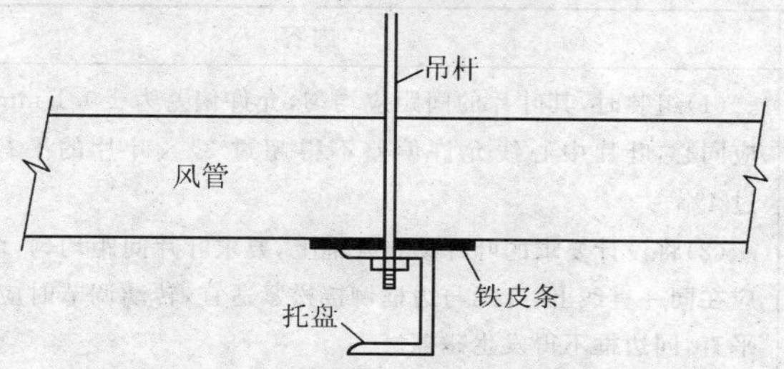

图 2—17　槽钢托盘上铁皮条的固定

第三节　风管部件制作方法

【技能要点 1】风口的制作方法

风口的制作方法见表 2—22。

表 2—22　风口的制作方法

项目	内容
组件制作	(1)风口的部件成形后组装,应有专用的工装,以保证产品质量。产品组装后,应进行检验。 (2)风管表面应平整,与设计尺寸的允许偏差不应大于 2 mm,矩形风口两对角线之差不应大于 3 mm;圆形风口任意两正交直径的允许偏差不应大于 2 mm。 (3)风口的转动调节部分应灵活,叶片应平直,同边框不得碰撞。 (4)插板式及活动篦板式风口,其插板、篦板应平整,边缘光滑,拉动灵活。活动篦板式风口组装后应能达到安全开启和闭合。 (5)百叶风口的叶片间距应均匀,两端轴的中心应在同一直线上。手动式风口叶与边框铆接应松紧适当。 (6)散流器的扩散环和调节环应同轴,轴向间距分布应均匀。 (7)孔板式风口,孔口不得有毛刺,孔径和孔距应符合设计要求。 (8)旋转式风口,活动件应轻便灵活。 (9)球形风口内外球面间的配合应松紧适度,转动自如,风量调节片应能有效地调节风量。 (10)风口活动部分,如轴、轴套的配合等,应松紧适宜,并应在装配完成后加注润滑油

续上表

项目	内容
组件装配	(1)组装时,其叶片的间距应均匀,允许偏差为±0.1 mm,轴的两端应同心,叶片中心线允许偏差不得超过3‰,叶片的平行度不得超过4‰。 (2)将设计要求的叶片铆在外框上,要求叶片间距均匀,两端轴中心应在同一直线上,叶片与边框铆接松紧适宜,转动调节时应灵活,叶片平直,同边框不得发生碰擦。 (3)组装后,圆形风口必须做到圆弧度均匀,矩形风口四角必须方正,表面平整、光滑。风口转动调节机构灵活、可靠,定位后无松动迹象。 (4)风口活动部分,如轴、轴套的配合等,应在装配完成后加注润滑油。如风口尺寸过大,应对叶片和外框采取加固措施。 (5)风口装配完成后焊接工序不得破坏风口装饰面美观,应在非装饰面进行,可选用气焊或者电焊等焊接方式,铝制风口应采用氩弧焊。焊接完成后,应对风口进行一次调整
外观要求及处理	(1)风口的表面处理,应满足设计及使用要求,可根据不同材料选择如喷漆、喷塑、氧化等方式。 (2)如风口规格较大,应在适当部位对叶片及外框采以加固补强措施

【技能要点2】风阀的制作方法

风阀的制作方法见表2—23。

表2—23 风阀的制作方法

项目	内容
下料、成型	外框及叶片下料应使用机械完成,成型应尽量采用专用模具
零部件加工	同阀内的转动部件应采用有色金属制作,以防锈蚀
焊接组装	(1)外框焊接可采用电焊或气焊方式,并保证使其焊接变形控制在最小限度。 (2)风阀组装应按照规定的程序进行,阀门的制作应牢固,调节和制动装置应准确、灵活、可靠,并标明阀门的启闭方向。

续上表

项目	内容
焊接组装	(3)多叶片风阀叶片应贴合严密，间距均匀，搭接一致。 (4)止回阀阀轴必须灵活，阀板关闭严密，转动轴采用不易锈蚀的材料制作。 (5)防火阀制作所需钢材厚度不得小于 2 mm，转动部件有任何时候都应转动灵活。易熔片应为批准的并检验合格的正规产品，其熔点温度的允许偏差为−2℃
调整检验	(1)风阀组装完成后应进行调整检验，并根据要求进行防腐处理。 (2)若风阀规格过大，可将其割成若干个小规格的阀门制作。 (3)防火阀在阀体制作完成后要加装执行机构并逐台进行检验

【技能要点 3】风帽的制作方法

(1)排风系统中一般使用伞形风帽、锥形风帽和筒形风帽向室外排出污浊空气。

(2)伞形罩和倒伞形帽可按锥形展开咬口制成。伞形罩和倒伞形帽的零件可按室外风管厚度制作。支撑用扁钢制成，用以连接伞形帽。

(3)锥形帽制作方法，主要按圆锥形展开下料组装。锥形风帽制作时，必须确保锥形帽里的上伞形帽挑檐 10 mm 的尺寸，并且下伞形帽与上伞形帽焊接时，焊缝与焊渣不许露至檐口边，严防水流下时，从该处流到下伞形帽并沿外壁淌下造成漏水。组装后，内外锥体的中心线应重合，而且锥体间的水平距离均匀、连接缝应顺水。

(4)筒形风帽由伞形罩、外筒、扩散管和支撑 4 个部分组成，其中圆筒为一圆形短管，规格小时，帽的两端可翻边铁丝加固。规格较大时，可用扁钢或角钢做箍进行加固。扩散管可按圆形大小头加工，一端用铁丝加固，一端铆上法兰，以便与风管连接。

(5)支撑用扁钢制成，用来连接扩散管、外筒和伞形帽。

(6)风帽各部件加工完后，应刷好防锈底漆再进行装配；装配时，必须使风帽形状规整、尺寸准确，不歪斜，风帽重心应平衡，所有部件应牢固。

【技能要点 4】罩的制作方法

1. 下料

根据不同的罩类型式放样后下料，并尽量采用机械加工形式。

2. 成型、组装

(1)罩类部件的组装根据所用材料及使用要求，可采用咬接、焊接等方式，其方法及要求详见风管制作部分。

(2)用于排出蒸汽或其他潮湿气体的伞形罩，应在罩口内边采取排队凝结液体的措施。

(3)排气罩的扩散角不应大于 60°。

(4)如有要求，在罩类中还应加有调节阀、自动报警、自动灭火、过滤、集油装置及设备。

3. 成口检验

罩类制作尺寸应准确，连接处应牢固，其外壳不应有尖锐的边缘。

【技能要点 5】止回阀的制作方法

(1)根据管道形状不同，止回阀可分为圆形和矩形，还可按照止回阀在风管的位置，分为垂直式和水平式。

(2)在水平式止回阀的弯轴上装有可调整的坠锤，用来调节阀板，使其启闭灵活。

(3)止回阀的轴必须灵活，阀板关闭严密，铰链和转动轴应采用黄铜制作。

【技能要点 6】柔性短管的制作方法

柔性短管的制作方法见表 2—24。

表 2—24　柔性短管的制作方法

项目	内容
柔性短管	通风机的入口和出口处，装设柔性短管，长度一般为 150～300 mm；不得作为异径接管使用，连接处应严密、牢固、可靠；制作安装过程中不得出现扭曲现象，两侧法兰应平行

续上表

项目	内容
帆布连接管	制作时，先把帆布按管径展开，并留出 20～25 mm 的搭接量，用线把帆布缝成短管或用缝纫机缝合。然后再用 1 mm 厚的条状镀锌铁皮或刷了油漆的黑铁皮连同帆布短管铆接在角钢法兰盘上。连接应紧密，铆钉距离一般为 60～80 mm，不应过大。铆好帆布短管后，把伸出管端的铁皮进行翻边，并向法兰平面敲平。也可以把展开的帆布两端，分别与 60～70 mm 宽的镀锌铁皮条咬上，然后再卷圆或折方将铁皮闭合缝咬上，帆布缝好，最后用两端的铁皮与法兰铆接
塑料布连接管	制作时，先把塑料布按管径展开，并留出 10～15 mm 搭连量和法兰留量，法兰留量应按使用的角钢规格留出。焊接时，先把焊缝按线对好，用端部打薄的电烙铁插到上下两块塑料布的叠缝中加热，到出现微量的塑料浆时，用压辊把塑料布压紧，使其粘合在一起。电烙铁沿焊缝慢慢移动，压辊也跟在烙铁后面压合被加热的塑料布。为了使接缝牢固，一边焊完后，应把塑料布翻身，再焊搭接缝的另一边。焊接的电烙铁温度应保持在 210 ℃～230 ℃，避免过热烧焦塑料布，输送耐腐蚀性气体的柔性短管也可选用耐酸橡胶来制作
防潮柔性短管	如需防潮，可在帆布短管上刷帆布漆，不得涂刷油漆，防止帆布失去弹性和伸缩性，起不到减振作用

第三章　风管系统安装方法

第一节　金属风管系统安装方法

【技能要点 1】支、吊架的安装方法

支、吊架的安装方法见表 3—1。

表 3—1　支、吊架的安装方法

项目	内容
支、吊架制作	(1)支架的悬臂、吊架的吊铁采用角钢或槽钢制成;斜撑的材料为角钢;吊杆采用圆钢;扁铁用来制作抱箍。 (2)支、吊架在制作前,首先要对型钢进行矫正,矫正的方法分冷矫正和热矫正两种。小型钢材一般采用冷矫正。较大的型钢须加热到900 ℃左右后进行热矫正。矫正的顺序应该先矫正扭曲、后矫正弯曲。 (3)钢材切断和打孔,不应使用氧气—乙炔切割。抱箍的圆弧应与风管圆弧一致。支架的焊缝必须饱满,保证具有足够的承载能力。 (4)吊杆圆钢应根据风管安装标高适当截取。套丝不宜过长,丝扣末端不应超出托盘最低点。挂钩应煨成如图 3—1 所示的形式。 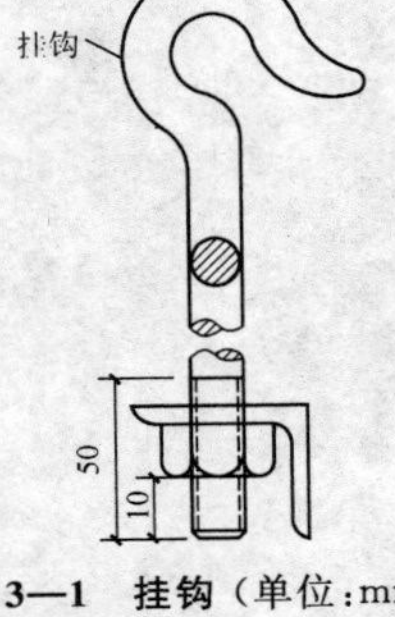 挂钩 50 10 **图 3—1　挂钩**(单位:mm) (5)风管支、吊架制作完毕后,应进行除锈,刷一遍防锈漆。

续上表

项目	内容
支、吊架制作	(6)用于不锈钢、铝板风管的支架，抱箍应按设计要求做好防腐绝缘处理。防止电化学腐蚀
支、吊架固定点的设置	设置吊点根据吊架形式设置，有预埋件法、膨胀螺栓法、射钉枪法等。作业时应由专业人员将预埋件按图纸坐标、位置和支、吊架间距，牢固地固定在土建结构钢筋上。 按风管安装标高计算出支架离地面标高(或土建相对地面标高线)，找到正确的安装支架孔洞位置，在土建砌筑时预留好孔洞，若事先未作预留，须用手锤和凿子凿出孔洞。 确定位置后，用电锤先打出与膨胀螺栓配套的孔洞，然后镶入膨胀螺栓即可。膨胀螺栓不适用于大面积、大风管或者有动荷载的风管固定
吊架安装	(1)按风管的中心线找出吊杆敷设位置，单吊杆在风管的中心线上；双吊杆可以按托盘的螺孔间距或风管的中心线对称安装。 (2)吊杆根据吊件形式可以焊在吊件上，也可挂在吊件上。焊接后应涂防锈漆。 (3)立管管卡安装时，应先把最上面的一个管件固定好，再用线锤在中心处吊线，下面的管卡即可按线进行固定。 (4)当风管较长时，需要安装一排支架时，可先把两端的安好，然后以两端的支架为基准，用拉线法找出中间支架的标高进行安装。 (5)支吊架的吊杆应平直、螺纹完整。吊杆需拼接时可采用螺纹连接或焊接。连接螺及应长于吊杆直径3倍，焊接宜采用搭接，搭长度应大于吊杆直径的8倍，并两侧焊接。 支、吊架的标高必须正确，如圆形风管管径由大变小，为保证风管中心线水平，支架型钢上表面标高，应作相应提高。对于有坡度过要求的风管，托架的标高也应按风管的坡度要求。 (6)风管支、吊架间距如无设计要求时，对于不保温风管应符合表3—2的要求。对于保温风管，支、吊架间距无设计要求时按表间距要求值乘以0.85。螺旋风管的支、吊架间距可适当增大。 (7)支、吊架的预埋件或膨胀螺栓埋入部分不得油漆，并应除去油污。

续上表

项目	内容
吊架安装	表3—2　支、吊架间距（见下表）；(8)～(10)见下文

表3—2　支、吊架间距

圆形风管直径或矩形风管长边尺寸	水平风管间距	垂直风管间距	最少吊架数
≤400 mm	不大于4 m	不大于4 m	2付
≤1 000 mm	不大于3 m	不大于3.5 m	2付
>1 000 mm	不大于2 m	不大于2 m	2付

(8)支、吊架不得安装在风口、阀门，检查孔等处，以免妨碍操作。吊架不得直接吊在法兰上。

(9)保温风管的支、吊装置宜放在保温层外部，但不得损坏保温层。

(10)保温风管不能直接与支、吊托架接触，应垫上坚固的隔热材料，其厚度与保温层相同，防止产生“冷娇”

【技能要点2】风管的连接方法

风管的连接方法见表3—3。

表3—3　风管的连接方法

项目	内容
风管法兰连接	(1)为保证法兰接口的严密性，法兰之间应有垫料。在无特殊要求情况下，法兰垫料按表3—4选用。

表3—4　法兰垫料选用

应用系统	输送介质	垫料材质及厚度(mm)		
一般空调系统及送排风系统	温度低于70 ℃的洁净空气或含温气体	8501密封胶带	软橡胶板	闭孔海绵橡胶板
		3	2.5～3	4～5
高温系统	温度高于70 ℃的空气或烟气	石棉绳	耐热胶板	
		φ8	3	
化工系统	含有腐蚀性介质的气体	耐酸橡胶板	软聚氯乙烯板	
		2.5～3	2.5～3	
洁净系统	有净化等级要求的洁净空气	橡胶板	闭孔海绵橡胶板	
		5	5	
塑料风道	含腐蚀性气体	软聚氯乙烯板		
		3～6		

续上表

项目	内容
风管法兰连接	(2)空气洁净系统严禁使用石棉绳等易产生粉尘的材料。法兰垫料应尽量减少接头，接头应采用梯形或榫形连接，如图 3—2 所示，并涂胶粘牢。法兰均匀压紧后的垫料宽度，应与风管内壁取平。法兰连接后严禁往法兰缝隙填塞垫料。 (3)法兰连接时，按设计要求规定垫料，把两个法兰先对正，穿上几条螺栓并戴上螺母，暂时不要上紧。然后用尖冲塞进穿不上螺栓的螺孔中，把两个螺孔撬正，直到所有螺栓都穿上后，再把螺栓拧紧。为了避免螺栓滑扣，紧螺栓时应按十字交叉逐步均匀地拧紧。连接好的风管，应以两端法兰为准，拉线检查风管连接是否平直。 (4)法兰如有破损(开焊、变形等)应及时更换，修理。 (5)连接法兰的螺母应在同一侧。 (6)不锈钢风管法兰连接的螺栓，宜用同材质的不锈钢制成，如用普通碳素钢，应按设计要求喷涂涂料。 (7)铝板风管法兰连接应采用镀锌螺栓，并在法兰两侧垫镀锌垫圈 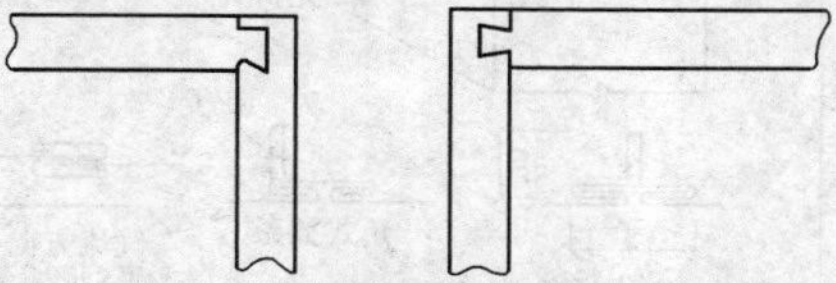 **图 3—2　法兰垫料接头的梯形或榫形连接**
风管无法兰连接	(1)抱箍式连接：主要用于钢板圆风管和螺旋风管连接，先把每一管段的两端轧制出鼓筋，并使其一端缩为小口。安装时按气流方向把水口插入大口，外面用钢制抱箍将两个管端的鼓箍抱紧连接，最后用螺栓穿在耳环中固定拧紧(图 3—3)。 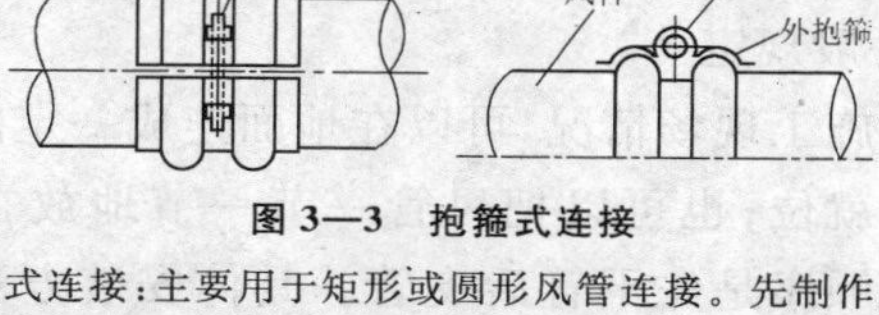 外抱箍　连接螺栓　风管　耳环　外抱箍 **图 3—3　抱箍式连接** (2)插接式连接：主要用于矩形或圆形风管连接。先制作连接管，然后插入两侧风管，再用自攻螺丝或拉铆钉将其紧密固定(图 3—4)。

续上表

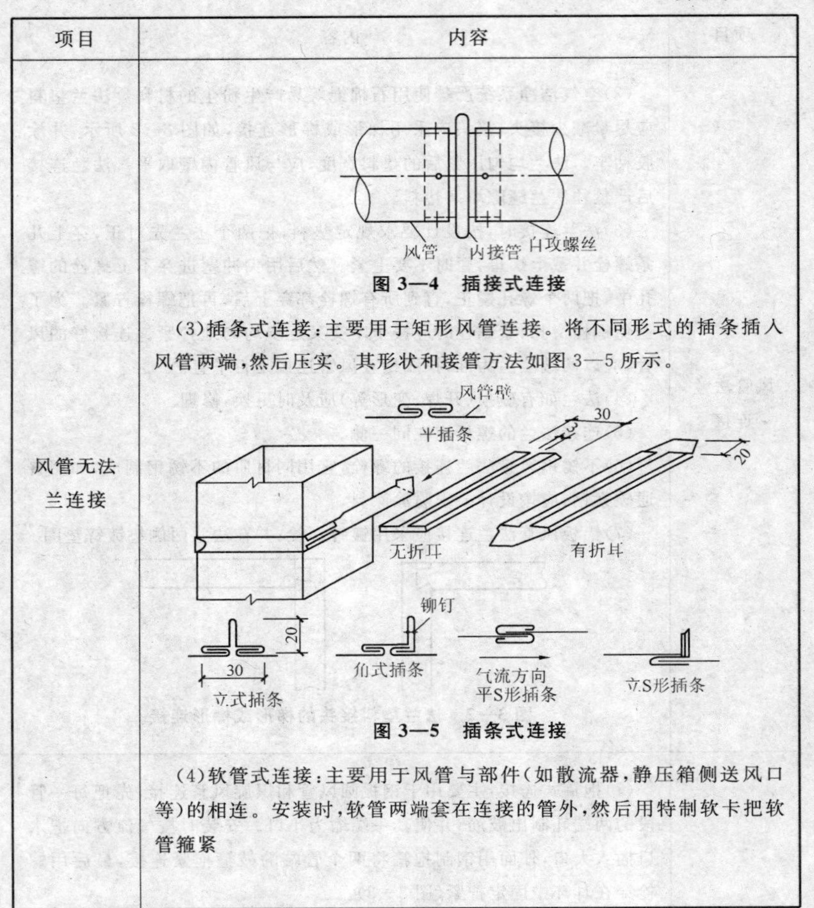

项目	内容
风管无法兰连接	图 3—4 插接式连接 (3)插条式连接:主要用于矩形风管连接。将不同形式的插条插入风管两端,然后压实。其形状和接管方法如图 3—5 所示。 图 3—5 插条式连接 (4)软管式连接:主要用于风管与部件(如散流器,静压箱侧送风口等)的相连。安装时,软管两端套在连接的管外,然后用特制软卡把软管箍紧

【技能要点 3】风管的安装方法

1. 一般规定

根据施工现场情况,可以在地面连成一定的长度,然后采用吊装的方法就位;也可以把风管一节一节地放在支架上逐节连接。一般安装顺序是先干管后支管。具体安装方法参照表 3—5 和表 3—6。

表 3—5　水平管安装方式

建筑物	(单层)厂房、礼堂、剧场(多层)厂房、建筑			
	风管标高≤3.5 m	风管标高＞3.5 m	走廊风管	穿墙风管
主风管	整体吊装	分节吊装	整体吊装	分节吊装
安装机具	升降机、倒链	升降机、脚手架	升降机、倒链	升降机、高凳
支风管	分节吊装	分节吊装	分节吊装	分节吊装
安装机具	升降机、高凳	升降机、脚手架	升降机、高凳	长降机、高凳

表 3—6　立风管安装方式

室内	风管标高≤3.5 m		风管标高＞3.5 m	
	分节吊装	滑轮、高凳	分节吊装	滑轮、脚手架
室外	分节吊装	滑轮、脚手架	分节吊装	滑轮、脚手架

注：竖风管的安装一般由下至上进行。

2. 风管吊装与就位

(1)风管安装前，先对安装好的支、吊(托)架进一步检查其位置是否正确，是否牢固可靠。根据施工方案确定的吊装方法(整体吊装或一节一节地吊装)，按照先干管后支管的安装程序进行吊装。

(2)吊装前，应根据现场的具体情况，在梁、柱的节点上挂好滑车，穿上麻绳，牢固地捆扎好风管。用麻绳将风管捆绑结实。麻绳结扣方法如图 3—6 所示。塑料风管如需整体吊装时，绳索不得直接捆绑在风管上，应用长木板托住风管的底部，四周应有软性材料做垫层，方可起吊。

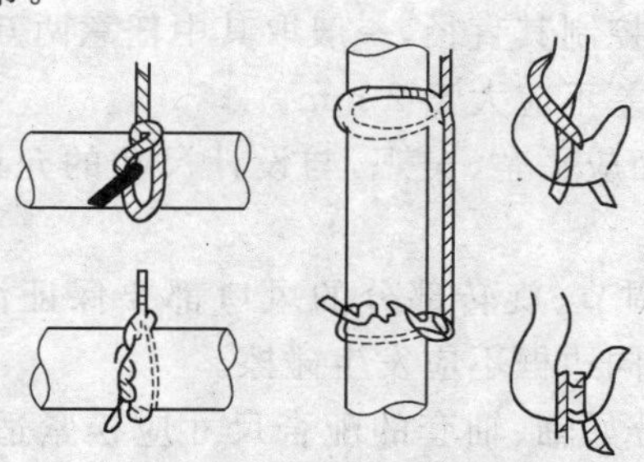

图 3—6　麻绳结扣方法

(3)起吊时,当风管离地 200～300 mm 时,应停止起吊,仔细检查倒链或滑轮受力点和捆绑风管的绳索,绳扣是否牢靠,风管的重心是否正确。确认没问题后,再继续起吊。

(4)风管放在支、吊架后,将所有托盘和吊杆连接好,确认风管稳固后,才可以解开绳扣。

(5)风管分节安装:对于不便悬挂滑轮或因受场地限制,不能进行吊装时,可将风管分节用绳索拉到脚手架上,然后抬到支架上对正法兰逐节安装。

(6)风管地沟敷设时,在地沟内进行分段连接。地沟内不便操作时,可在沟边连接,用麻绳绑好风管,用人力慢慢将风管放到支架上。风管甩出地面或在穿楼层时甩头不少于 200 mm。敞口应做临时封堵。风管穿过基础时,应在浇灌基础前下好预埋套管,套管应牢固地固定在钢筋骨架上。

3. 铝板风管安装

(1)铝板风管法兰的连接应采用镀锌螺栓,并在法兰两侧垫以镀锌垫圈。

(2)铝板风管的支架、抱箍应镀锌或按设计要求做防腐处理。

(3)铝板风管采用角钢型法兰,应翻边连接,并用铝铆钉固定。采用角钢法兰,其用料规格应符合相关规定,并应根据设计要求做防腐处理。

【技能要点 4】风口的安装方法

(1)对于矩形风口要控制两对角线长度之差不应大于 3 mm,对于圆形风口则控制其直径,一般取其中任意两互相垂直的直径,使两者的长度偏差不应大于 2 mm。

(2)风口表面应平整、美观,与设计尺寸的允许偏差不应大于 2 mm。

(3)凡是有调节、旋转部分的风口都要保证活动件应轻便灵活,叶片应平直,同边框不应发生碰擦。

(4)活动部分如轴、轴套的配合尺寸应松紧适当,装配好后应加注润滑油,以免生锈。百叶式风口两端轴的中心应在同一直线上。散流器的扩散环和调节环应同轴，轴向间距分布均匀。

(5)涂漆最好在装配前进行，以免把活动部位漆住而影响调节。

(6)插板式活动篦板式风口，其插板、篦板应平整，边缘光滑，抽动灵活。活动篦板式风口组装后应能达到完全开启和闭合。

(7)风口安装前和安装后都应扳动一下调节柄或杆。因为在运输过程中和安装过程中都可能变形，即使微小的变形也可能影响调节。

(8)在安装风口时，应注意风口与所在房间内线条的协调一致。尤其当风管暗装时，风口应服从房间的线条。吸顶的散流器与平顶平齐。散流器的扩散圈应保持等距。散流器与总管的接口应牢固可靠。

【技能要点 5】阀门的安装方法

(1)阀门的制作应牢固，调节和制动装置应准确、灵活、可靠，并标明阀门启闭方向，如果对轴和轴承的材质进行选择，两者至少有一件用铜或铜锡合金制造。

(2)应注意阀门调节装置要设在便于操作的部位；安装在高处的阀门也要使其操作装置处于离地面或平台 1～1.5 m 处。

(3)阀门在安装完毕后，应在阀体外部明显的标出“开”和“关”方向及开启程度。对保温风道系统，应在保温层外面设法作标志，以便调试和管理。

保温层常用材料性能

传热系数小，一般不大于 0.14 W/(m^2·K)，最大不超过 0.23 W/(m^2·K)；密度一般小于 450 kg/m^3；有一定机械强度，一般能承受 0.2～0.3 MPa 的压力；吸湿率低、抗水蒸气渗透性强，耐热，不燃，无毒，无臭味，不腐蚀金属，能避免鼠咬虫蛀，不易霉烂，化学稳定性好，经久耐用，施工方便，价格低廉，易于成型。

(4)斜插板阀一般多用于除尘系统，安装阀门时应考虑不使其积尘，因此对水平管上安装斜插板阀应顺气流安装；而在垂直管（气流向上）安装时斜插板阀就应逆气流安装。

（5）止回阀阀轴必须灵活，阀板关闭应严密，铰链和转动轴应采用不易锈蚀的材料制作。

（6）防爆系统的部件必须严格按照设计要求制作，所用的材料，严禁代用。

（7）余压阀的安装：余压阀多安装在洁净室的墙壁的下方，应保证阀体与墙壁连接后的严密性，而且注意阀板的位置处于洁净室的外墙，并且应注意阀板的平整和重锤调节杆不受撞击变形，使其重锤调整灵活。

（8）局部排气罩安装：

①各类吸尘罩，排气罩的安装位置应正确，牢固可靠，支架不得设置在影响操作的部位。

②用于排出蒸汽或其他潮湿气体的伞形排气罩，应在罩口内边采取排凝结液体的措施。

③罩子的安装高度对其实际效果影响很大，如果不按设计要求安装，其高度一般为罩的下口离设备上口的距离小于或等于排气罩下口的边长较为合适。

④局部排气罩不得有尖锐的边缘，其安装位置和高度不应妨碍操作，局部排气罩如体积较大，还应设置专用支、吊架，并要求支、吊架平整，牢固可靠。

第二节　非金属风管系统安装方法

【技能要点1】硬聚氯乙烯风管的安装方法

1. 塑料风管的敷设

（1）塑料风管安装时多数沿墙、柱和在楼板下敷设，一般以吊装为主，也可用托架，具体可参考金属风管的支架形式。为增加水平风管与支、吊架的接触面积，风管与钢支架之间，应垫入厚度为3～5 mm的塑料垫片，并用胶粘剂胶合。

（2）塑料风管受热后易产生变形，因此，水平风管的支架间距应比金属风管小些，一般为 1.5～3 m。垂直安装的风管，支架间距不应大于 3 m。塑料风管应与热源保持足够的距离，以防止风管受热变形。

(3)由于硬聚氯乙烯塑料线膨胀系数大，风管热胀冷缩现象较为明显，风管和支架的抱箍之间不能抱得太紧，应有一定的空隙，以利风管伸缩。

(4)低温环境下安装风管时，应注意风管性脆易裂，搬运风管要避免碰撞发生裂缝，堆放时要放平，且不要堆得太高，以免因局部受力过大而损坏。垂直吊装时，要防止风管摆动碰撞而发生破裂。

(5)风管两法兰面应平行、严密，连接时用厚度 3～6 mm 的软聚氯乙烯塑料板做衬垫，法兰螺栓两侧应加镀锌垫圈。法兰螺栓应采用对称的方式均匀紧固。

(6)敷设在室外的塑料风管、风帽等构件，为减少太阳辐射的热量，表面可刷白色涂料或银粉漆。

(7)塑料风管上所用的支架、螺栓等金属附件，应根据生产车间的腐蚀情况，按设计要求刷防腐涂料。

2. 热膨胀的补偿和减振

(1)硬聚氯乙烯塑料具有较大的线膨胀性，当风管的直管段长度大于 20 m 时，应按设计要求设置伸缩节，如图 3—7 所示。

(2)当直线管段较长伸缩量较大时，与之相连的支管应设软接头(图 3—8)，以免直线管段的伸缩对支管造成影响。

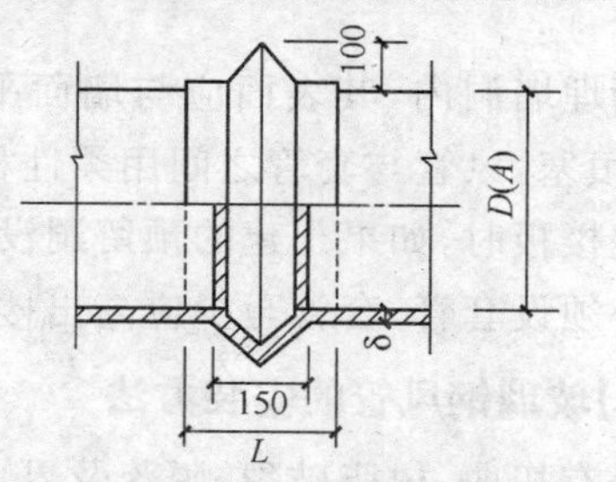

图 3—7　伸缩节(单位:mm)

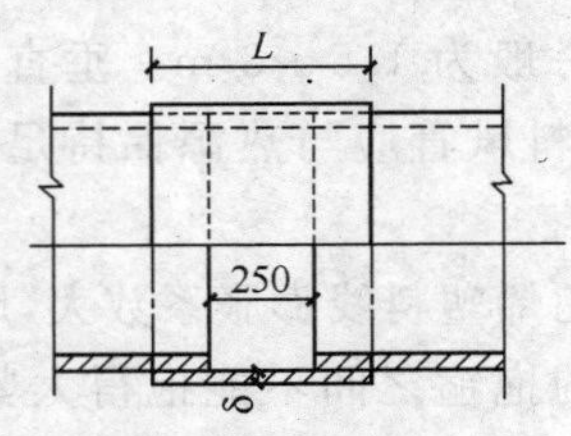

图 3—8　软接头（单位：mm）

(3)伸缩节和软接头可用厚度为 2～6 mm 的软聚氯乙烯塑料板制作，具体尺寸见表 3—7。

表 3—7　伸缩节和软接头的尺寸　(单位：mm)

圆形风管直径 D	矩形网管周长 S	厚度 δ	伸缩节长度 L	软接头长度 L
100～280	520～960	2	230	330
320～900	1 000～2 800	3	270	370
1 000～1 600	3 200～3 600	4	310	410
—	4 000～5 000	5	350	450
—	5 400	6	390	490

(4)通风机进出口与塑料风管连接时，应设置用 0.8～1 mm 厚的软塑料布制成的柔性短管，以减低风机振动引起的噪声，并避免刚性连接时塑料风管被振裂的可能。

3. 风管穿过墙壁和楼板的保护

(1)风管穿过墙壁时，应用金属套管加以保护。套管和风管之间应能穿过风管的法兰及保温层，使塑料风管沿轴向能自由移动即可。

(2)钢制套管埋墙洞内，其表面应与墙面平齐，墙洞与套管之间应用耐酸水泥填塞，风管与套管之间用柔性材料填塞。

(3)风管穿过楼板时，如果土建的预留洞没有高出周围楼板的凸台保护圈，则必须设套管，套管至少应高出楼面 20 mm 以上。

【技能要点 2】玻璃钢风管的安装方法

(1)风管不得有扭曲、树脂破裂、脱落及界皮分层等现象，破损处应及时修复。风管的连接法兰端面应平行，以保证连接严密。

法兰螺栓两侧应加镀锌垫圈。

(2)支架的形式、宽度与间距应符合设计要求,并适当增加支、吊架与水平风管的接触面积。

(3)支管的重量不得由风管来承受,必须自行设置支、吊架。

(4)风管垂直安装,支架间距不应大于 3 m。

第四章　设备安装方法

第一节　通风机安装方法

【技能要点】施工要点

1. 基础验收

(1)风机安装前，应根据设计图纸对设备基础进行全面检查，坐标、标高及尺寸应符合设备安装要求。

(2)风机安装前，应在基础表面铲出麻面，以使二次浇灌的混凝土或水泥能与基础紧密结合。

2. 通风机检查及运输

(1)按设备装箱清单，核对叶轮、机壳和其他部位的主要尺寸，进、出风口的位置方向是否符合设计要求，做好检查记录。

(2)叶轮旋转方向应符合设备技术文件的规定。

(3)进、出风口应有盖板严密遮盖。检查各切削加工面，机壳的防锈情况和转子有变形或锈蚀、碰损的现象。

(4)搬运设备应有专人指挥，使用的工具及绳索必须符合安全要求。

3. 设备清洗

(1)风机安装前，应将轴承、传动部位及调节机构进行拆卸、清洗，使其转动灵活。

(2)用煤油或汽油清洗轴承时，严禁吸烟或用火。

4. 风机安装

(1)风机就位前，按设计图纸并依据建筑物的轴线、边缘线及标高线放出安装基准线。将设备基础表面的油污、泥土和地脚螺栓预留孔的杂物清除干净。

(2)整体安装的风机，搬运和吊装的绳索不得捆绑在转子和机壳或轴承盖的吊环上。风机吊至基础上后，用垫铁找平，垫铁一般应放在地脚螺栓两侧，斜垫铁必须成对使用。风机安装好后，同一组垫铁应点焊在一起，以免受力时松动。

(3)风机安装在无减振器的支架上，应垫上4～5 mm厚的橡胶板，找平找正后固定牢。

(4)风机安装在有减振器的机座上时，地面要平整，各组减振器承受荷载的压缩量应均匀，不偏心，安装后采用保护措施，防止损坏。

(5)通风机的机轴必须保持水平度，风机与电动机用联轴节连接时，两轴中心线应在同一直线上。

(6)通风机与电动机用三角皮带传动时进行找正，以保证电动机与通风机的轴线互相平行，并使两个皮带轮的中心线相重合。三角皮带拉紧程度一般可用手敲打已装好的皮带中间，以稍有弹跳为准。

(7)通风机与电动机安装皮带轮时，操作者应紧密配合，防止将手碰伤。挂皮带时不要把手伸入皮带轮内，防止发生事故。

(8)风机与电动机的传动装置外露部分应安装防护罩，风机的吸入口或吸入管直通大气时，应加装保护网或其他安全装置。

(9)通风机出口的接出风管应顺叶轮旋方向接出弯管。在现场条件允许的情况下，应保证出口至弯管的距离大于或等于风口出口长边的尺寸的1.5～2.5倍。如果受现场条件限制达不到要求，应在弯管内设导流叶片弥补。

(10)现场组装风机，绳索的捆缚不得损伤机件表面，转子、轴径和轴封等处不应作为捆缚部位。

(11)大型轴流风机组装，叶轮与机壳的间隙应均匀分布，并符合设备技术文件要求。叶轮与进风外壳的间隙见表4—1。

表4—1　叶轮与主体风筒对应两侧间隙允差

叶轮直径(mm)	≤600	>600 ～1 200	>1 200 ～2 000	>2 000 ～3 000	>3 000 ～5 000	>3 000 ～5 000	>8 000
对应两侧半径径间隙之差不应超过(mm)	0.5	1	1.5	2	3.5	5	6.5

(12)通风机附属的自控设备和观测仪器。仪表的安装应按设备技术文件规定执行。

(13)风机试运转;经过全面检查手动盘车,供应电源相序正确后方可送电试运转,运转前必须加上适度的润滑油;并检查各项安全措施;叶轮旋转方向必须正确;在额定转速下试运转时间不得少于 2 h。运转后,再检查风机减震基础有无移位和损坏现象,做好记录。

第二节　空调机组与制冷机组安装方法

【技能要点 1】空调机组的安装方法

1. 设备基础的验收

根据安装图对设备基础的强度、外形尺寸、坐标、标高及减振装置进行认真检查。

2. 设备运输

(1)空调设备在水平运输和垂直运输之前,尽可能不要开箱并保留好底座。现场水平运输时,应尽量采用车辆运输或钢管、架板组合运输。

(2)室外垂直运输一般采用门式提升架或起重机,在机房内采用滑轮、倒链进行吊装和运输。整体设备允许的倾斜角度参照说明书。

3. 一般装配式空调机组安装

(1)阀门启闭应灵活,阀叶须平直。表面式换热器应有合格证,在规定期间内外表面又无损伤时,安装前可不做水压试验,否则应做水压试验。试验压力等于系统最高工作压力的 1.5 倍,且不低于 0.6 MPa,试验时间为 2～3 min;压力不得下降。挡水板安装时前后不得装反。要求清理干净机组,箱体内无杂物。

(2)现场有多台空调机组安装前,将段体进行编号,切不可将段位互换调错,按厂家说明书,分清左式、右式,段体排列顺序应与图纸吻合。

(3)从空调机组的一端开始,逐一将段体抬上底座就位找正,加衬垫，将相邻两个段体用螺栓连接牢固严密，每连接一个段体前，将内部清扫干净。组合式空调机组各功能段间连接后，整体应平直，检查门开启要灵活，水路应畅通。

(4)加热段与相邻段体间应采用耐热材料作为垫片。

(5)喷淋段连接处应严密、牢固可靠，喷淋段不得渗水，喷淋段的检视门不得漏水。积水槽应清理干净，保证冷却水畅通不溢水。凝结水管应设置水封，水封高度根据机内负压确定。

(6)安装空气过滤器时应符合下列要求：

①框式及袋式粗、中效空气过滤器的安装要便于拆卸及更换滤料。过滤器与框架间、框架与空气处理室的维护结构间应严密。

②自动浸油过滤器的网子要清扫干净，传动应灵活，过滤器间接缝要严密。

③卷绕式过滤器安装时，框架要平整，滤料应松紧适当，上下筒平行。静电空气过滤器的安装应特别注意平稳，与风管或风机相连的部位设柔性短管，接地电阻要小于 4 Ω。

④亚高效、高效过滤器的安装应符合以下规定：按出厂标志方向搬运、存放，安置于防潮洁净的室内。其框架端面或刀口端面应平直，其平整度允许偏差为±1 mm，其外框不得改动。洁净室全部安装完毕，并全部清扫擦净。系统连续试车 12 h 后，方可开箱检查，不得有变形、破损和漏胶等现象，合格后立即安装。安装时，外框上的箭头与气流方向应一致。用波纹板组合的过滤器在竖向安装时，波纹板垂直地面，不得反向。过滤器与框架间必须加密封垫或涂抹密封胶，厚度为 6～8 mm。定位胶贴在过滤器边框上，用梯形或榫形拼接，安装后的垫料的压缩率应大于 50%。采用硅橡胶密封时，先清除边框上的杂物和油污，在常温下挤抹硅橡胶应饱满、均匀、平整。采用液槽密封时，槽架安装应水平，槽内保持清洁无水迹。密封液宜为槽深的 2/3。现场组装的空调机组，应做漏风量测试。

(7)安装完的空调机组静压为 700 Pa 时，漏风率不大于 3%；空气净化系统机组，静压为 1 000 Pa，洁净度低于 1 000 级时，漏风率不应大于1%。

4. 整体式空调机组的安装

(1)安装前应熟悉图纸、设备说明书以及有关的技术质料。检查设备零部件、附属材料及随机专用工具是否齐全。制冷设备充有保护气体时,应检查有无泄露情况。

(2)空调机组安装时,坐标、位置应正确,基础达到安装强度,基础表面应平整,一般应高出地面100～150 mm。

(3)空调机组加减振装置时,应严格按设计要求的减振器型号、数量和位置进行安装并找平找正。

(4)水冷式空调机组的冷却水系统、蒸汽、热水管道及电气、动力与控制线路的安装工应持证上岗。充注氟利昂和调试应由制冷专业人员按产品说明书的要求进行。

5. 单元式空调机组安装

(1)分体式室外机组和风冷整体式机组的安装

安装位置应正确,目测呈水平,凝结水的排放应畅通。周边间隙应满足冷却风的循环。制冷剂管道连接应严密无渗漏。穿过的墙孔必须密封,雨水不得渗入。

(2)水冷柜式空调机组的安装

安装时其四周要留有足够空间,才能满足冷却水管道连接和维修保养的要求。机组安装应平稳。冷却水管连接应严密,不得有渗漏现象,应按设计要求设有排水坡度。

(3)窗式空调器的安装

其支架必须牢靠。应设有遮阳、防雨措施,但注意不得妨碍冷凝水的排放。安装时其凝结水盘应有坡度,出水口设在水盘最底处,应将凝结水从出口用软塑料管引至排放地。安装后,其面板应平整,不得倾斜,用密封条将四周密闭严密。运转时应无明显的窗框振动和噪声。

【技能要点2】制冷机组的安装方法

1. 基础检查验收

会同土建、监理和建设单位共同对基础质量进行检查,确认合格后进行中间交接，检查内容主要包括外形尺寸、平面的水平度、中心线、标高、地脚螺栓孔的深度和间距、埋设件等。

2. 就位找平

根据施工图纸按照建筑物的定位轴线弹出设备基础的纵横向中心线，利用铲车、人字扒杆将设备吊至设备基础上进行就位。应注意设备管口方向应符合设计要求，将设备的水平度调整到接近要求的程度。利用平垫铁或斜垫铁对设备进行初平，垫铁的放置位置和数量符合设备安装要求。

(1)设备初平合格后，应对地脚螺栓孔进行二次灌浆，所用的细石混凝土或水泥砂浆的等级应比基础强度等级高1～2级。灌浆前应清理孔内的污物、泥土等杂物。每个孔洞灌浆必须一次完成，分层捣实，并保持螺栓处于垂直状态。待其强度达到70%以上时，方能拧紧地脚螺栓。

(2)设备精平后应及时点焊垫铁，设备底座与基础表面间的空隙应用混凝土填满，并将垫铁埋在混凝土内，灌浆层上表面应略有坡度，以防油、水流入底座，抹面砂浆应密实、表面光滑美观。

(3)利用水平仪铅垂线法在汽缸加工面、底座或底座平面的加工面上测量，对设备进行精平，使机身纵、横向水平度的允许偏差为1‰，并应符合设备技术文件的规定。

3. 拆卸和清洗

(1)有油封的制冷压缩机，如在设备技术文件规定的期限内，且外观良好、无损坏和锈蚀时，仅拆洗缸盖、活塞、汽缸内壁、吸排气阀及曲轴箱等，并检查所有紧固件、油路是否通畅，更换曲轴箱内的润滑油。用充有保护性气体或制冷工质的机组，如在设备技术文件规定的期限内，充气压力无变化，且外观完好，可不作压缩机的内部清洗。

(2)准备拆卸清洗的场地应清洁，并具有防火设备。设备拆卸时，应按照顺序进行，在每个零件上做好记号，防止组装时颠倒。

(3)用汽油进行清洗时，清洗后必须涂上一层机油，防止锈蚀。

4. 螺杆式制冷机组

(1)螺杆式制冷机组的基础检查、就位找平初平的方法同活塞式制冷机组，机组安装的纵向和横向水平偏差均不应大于1‰，并应在底座或底座平行的加工面上测量。

(2)松开电动机与压缩机间的联轴器，点动电动机，检查电动机的转动方向是否符合压缩机要求。

(3)地脚螺栓孔的灌浆强度达到要求后，对设备精平，利用百分表在联轴器的端面和圆周上进行测量、找正，其允许偏差应符合设备技术文件的规定。

5. 离心式制冷机组

(1)离心式制冷机组的安装方法与活塞制冷机组基本相同，机组安装的纵向和横向水平偏差不应大于1‰，并应在底座或底座平行的加工面上测量。

(2)机组吊装时，钢丝绳要设在蒸发器和冷凝器的筒体外侧，不要使钢丝绳在仪表盘、管路上受力。钢丝绳与设备的接触点应垫木板。

(3)机组在连接压缩机进气管前，应从吸气口观察叶片和执行机构、叶片开度与指示位置，按设备技术文件的要求调整一致并定位，最后连接电动执行机构。

(4)安装时设备基础底板应平整，底座安装应设置隔振器，隔振器的压缩量应一致。

6. 溴化锂吸收式制冷机组

(1)安装前，设备充注的保护气体压力应符合设备技术文件规定的出厂压力。

(2)机组在房间内布置时，应在机组周围留出可进行保养作业的空间。多台机组布置时，两机组间的距离应保持在1.5～2 m。

(3)制冷机组就位后，初平及精平方法与活塞式制冷机组基本相同。

(4)机组安装的纵向和横向水平偏差均不应大于1‰，并应按设备技术文件规定的基准面上测量。水平偏差的测量可采用U

形管法或其他方法。燃油或燃气直燃型溴化锂制冷机组及附属设备的安装还应符合《高层民用建筑设计防火规范》(GB 50045—1995)的相关要求。

7. 模块式冷水机组

(1)设备基础平面的水平度、外形尺寸应满足设备安装技术文件的要求。设备安装时,在基础上垫以橡胶减振器块,并对设备进行找平找正,使模块式冷水机组的纵横向水平度偏差不超过1‰。

(2)多台模块式冷水机组并联组合时,应在基础上增加型钢底座,并将机组牢固地固定在底座上。连接后的模块机组外壳应保持完好无损、表面应平整,并连接成统一整体。

(3)模块式冷水机组的进、出水管连接位置应正确,严密不漏。

(4)风冷模块式冷水机组的周围应按设备技术文件要求留有一定的通风空间。

8. 大、中型热泵机组

(1)空气源热泵机组周围应按设备不同留有一定的通风空间。

(2)机组应设置隔振器,并有定位措施,防止设备运行发生位移,损害设备接口及连接的管道。

(3)机组供、回水管侧应留有1～1.5 m的检修距离。

9. 附属设备

(1)制冷系统的附属设备如冷凝器、贮液器、油分离器、中间冷却器、集油器、空气分离器、蒸发器和制冷剂泵等就位前,应检查管口的方向与位置、地脚螺栓孔与基础的位置,并应符合设计要求。

(2)附属设备的安装除应符合设计和设备技术文件规定外,尚应符合下列要求。

①附属设备的安装,应进行气密性试验及单体吹扫;气密性试验压力应符合设计和设备技术文件的规定。

②卧式设备的安装水平偏差和立式设备的铅垂度偏差均不宜大于1‰。

③当安装带有集油器的设备时,集油器的一端应稍低。

④洗涤式油分离器的进液口的标高宜比冷凝器的出液口标

高低。

⑤当安装低温设备时，设备的支撑和与其他设备接触处应增设垫木，垫木应预先进行防腐处理，垫木的厚度不应小于绝热层的厚度。

第三节　除尘系统安装方法

【技能要点1】排风罩的安装方法

(1)排风罩离尘源要近，尽可能接近尘源。排风罩的罩口本身就是一个吸风口，它和送风用的吹风口所造成的气流运动规律是不同的。从吹风口吹出的气流可以作用到很远的地方，而排风罩只有离罩口很近的范围内才有吸风效果。当吹风时，距出口30倍直径处的风速衰减到吹风口风速的10%，当吸风时，仅仅距吸风口1倍直径处的风速就已降至吸风口风速的5%。通风除尘系统示意如图4—1所示。

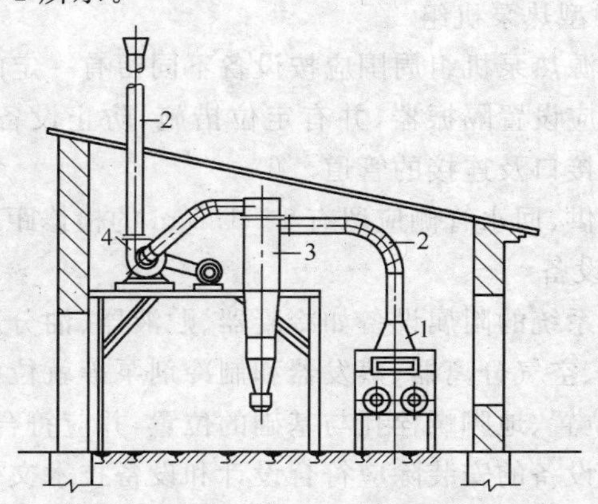

图4—1　通风除尘系统示意图

1—排风罩；2—通风管道；3—除尘器；4—通风机

(2)安装排风罩时，使罩口顺着(对准)含尘气流运动的方向，这样就可以充分利用粉尘本身的动能，让它自行撞入罩内，以便用较小的排风量就能把粉尘吸走。

(3)要有足够的排(通)风量。要有效地控制粉尘的扩散，就必须在尘源处造成一定的吸入风速。对于某一个排风罩来说，要有足够的排风量才能畅通地将飞扬的粉尘吸入罩内。

(4)尽可能把尘源包容在罩内并密封起来。若必须留有检查门及工作孔时,应力求减小开口面积,这样可以减小排风量,且能提高排尘效果。

(5)制作排风罩的材料,要坚固耐用。一般情况可用镀锌薄板或普通薄钢板制作,在振动大、物料冲击力大或高温场合,就必须用1.5～3 mm的较厚钢板制作;在有酸、碱或其他腐蚀性的场合,则需用塑料板制作。

(6)安装排风罩时,一定要考虑到便于操作,便于使用维修,不妨碍其他设备的运行。

【技能要点2】除尘罩的安装方法

(1)除尘风管宜明设,尽量避免地沟内敷设,并宜垂直或倾斜敷设,与水平面夹角应为45°～60°,小坡度和水平管应尽量短。除尘系统吸入管段的调节阀宜安装在垂直管段上。法兰垫片应用橡胶板。弯管的弯曲半径为管径的1～2倍。

(2)支风管应尽量从侧面或上部与主风管连接。三通的夹角一般为15°～30°。

(3)集合管式有水平式、垂直式,如图4—2、图4—3所示。水平集合管内风速为3～4 m/s,垂直集合管为6～10 m/s。枝状除尘风管宜垂直或倾斜布置,必须水平布置时,风管不宜过长,且风速要求较高。

(4)除尘器之后的风速以8～10 m/s为宜。各支风管之间的不平衡压力差应小于10%。

(5)在划分系统时要注意考虑排出粉尘的性质,如易燃性粉尘不能与烟气合用一个系统。

(6)输送有爆炸危险的气体时,可燃物的浓度应不在爆炸浓度的范围内(包括局部地点);有爆炸危险的通风系统应远离火源,系统本身应避免火花的产生。

(7)输送有腐蚀性的气体时,钢板风管应涂防腐油漆或者采用塑料或不锈钢风道。

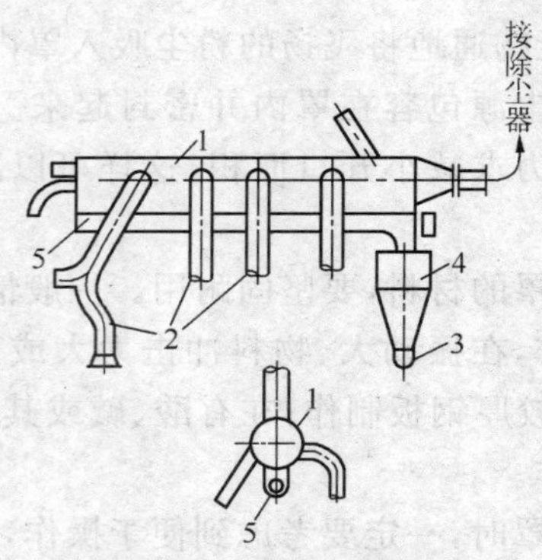

图 4—2　水平集合管

1—集合管；2—支风管；3—泄尘阀；4—集尘箱；5—螺旋输送机

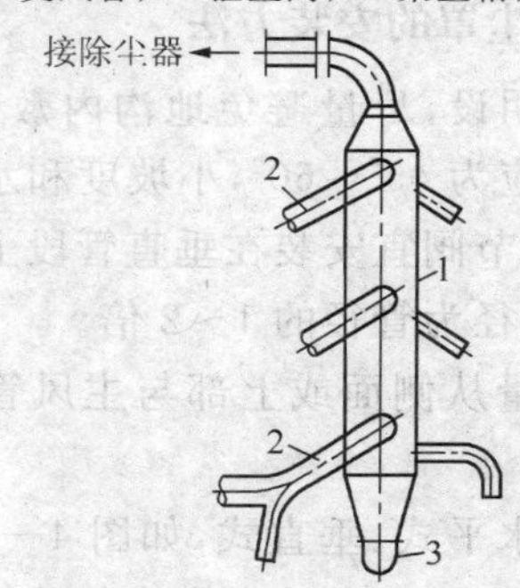

图 4—3　垂直集合管

1—集合管；2—支风管；3—泄尘阀

(8)有可能发生静电积聚的除尘风管应进行接地措施。

(9)为清扫方便，在风管的适当部位应设清扫口。除尘系统风管厚度如设计无规定时，可按表 4—2 采用。

表 4—2　除尘系统风管的厚度　(单位：mm)

风管直径或长边尺寸	板材厚度	风管直径或长边尺寸	板材厚度
$D(b) \leqslant 320$	1.5	$1\,000 < D(b) \leqslant 1\,250$	2.0
$320 < D(b) \leqslant 450$	1.5	$1\,250 < D(b) \leqslant 2\,000$	按设计
$450 < D(b) \leqslant 630$	2.0	$2\,000 < D(b) \leqslant 4\,000$	
$630 < D(b) \leqslant 1\,000$	2.0		

【技能要点3】除尘器的安装方法

(1)除尘器的型号、规格、进出口方向必须符合设计要求,安装前应认真阅读产品说明书,安装位置应正确、牢固平稳。现场组装的除尘器壳体应做漏风量检测,在设计工作压力下允许漏风率为5%,其中离心式除尘器为3%。

(2)除尘器的活动或转动部件的动作应灵活可靠。除尘器的排灰阀、卸料阀、排泥阀的安装应严密,并便于操作与维护修理。

(3)现场组装袋式除尘器。现场组装袋式除尘器的安装,应符合下列规定:

①外壳应严密,漏风量在允许范围内,布袋接口应牢固;

②分室反吹袋式除尘器的滤袋安装,必须平直,每条滤袋的拉紧力应保持在25～35 N/m;与滤袋连接接触的短管和袋帽,应无毛刺;

③机械回转扁袋袋式除尘器的旋臂,转动应灵活可靠,净气室上部的顶盖应密封,不漏气,旋转灵活,无卡阻现象;

④脉冲袋式除尘器的喷吹孔,应对准管的中心,同心度允许偏差为2 mm;

⑤袋式除尘器的壳体及辅助设备接地应可靠。

(4)现场组装的静电除尘器。现场组装的静电除尘器的安装,应符合设备技术文件及下列规定:

①阳极板组合后的阳极排平面度允许偏差为5 mm,其对角线允许偏差为10 mm;

②阴极小框架组合后主平面的平面度允许偏差为5 mm,其对角线允许偏差为10 mm;

③阴极大框架的整体平面度允许偏差为15 mm,整体对角线允许偏差为10 mm;

④阳极板高度小于或等于7 m的静电除尘器,阴、阳极间距允许偏差为5 mm;阳极板高度大于7 m的静电除尘器,阴、阳极间距允许偏差为10 mm;

⑤振打锤装置的固定,应可靠;振打锤的转动,应灵活;锤头方

向应正确；振打锤头与振打砧之间应保持良好的线接触状态，接触长度应大于锤头厚度的 0.7 倍；

⑥静电除尘器的壳体及辅助设备接地应可靠。

第五章　空调制冷系统和水系统安装方法及调试

第一节　空调制冷系统安装

【技能要点1】净化空调系统的安装方法

1. 风管和配件安装

(1)风管和管配件的封口启封后应检查是否清洁，如不洁应处理好后方可连接。角钢法兰的铆钉孔间距及螺栓孔间距均不得大于100 mm，矩形法兰四角必须有螺栓孔。所用的铆钉、螺栓、螺母一律做镀锌处理，不得采用拉铆钉，上螺栓时拧紧力矩要大小一致，避免松紧不均现象，防止漏风。

(2)调节阀、静压箱、消声器、防火阀等配件在安装前必须做好清洁处理，除去油污和灰尘。

(3)进入风管内施工，必须有干净的工作服、工作手套、工作帽，不准穿脏底鞋。最后出来时要顺路擦净风管内部。

(4)风管系统安装后应进行漏风和漏光检查，确认合格后方可进行保温处理。

2. 设备安装

设备安装方法见表5—1。

表5—1　设备安装方法

项目	内容
一般规定	(1)设备安装应在建筑内部装饰和净化空调系统施工安装完成，并进行全面清扫、擦拭干净之后进行，但与洁净室维护结构相连的设备，排风、排水管道等必须与维护结构同时施工安装时，与维护结构连接的接缝应采取密封措施，做到严密而清洁，设备或其他管道的送、回、排风(水)口应暂时封闭，每台设备安装完毕后，洁净室投入运行前均应将设备的送、回、排风口封闭。

续上表

<table>
<tr><th>项目</th><th>内容</th></tr>
<tr><td>一般规定</td><td>(2)设备要按照出厂标志方向进行装车、放置,运输过程应防止碰撞安装就位后保持纵轴垂直,横轴水平,其允许偏差应符合表5—2的要求。

表5—2　空气处理设备安装允许偏差
<table>
<tr><th>项目</th><th>允许偏差</th><th>检测方法</th></tr>
<tr><td>垂直度</td><td>1‰</td><td>经纬仪、水平尺、水准仪</td></tr>
<tr><td>水平度</td><td>±1‰</td><td>水准仪、水平尺</td></tr>
</table>
(3)带风机的气闸室或空气处理设备与地面之间应垫隔振层。隔振层压缩量应均匀一致,偏差小于2 mm。
(4)凡有风机的设备,安装完毕后风机应进行试运转,试运转时间按设备的技术文件要求确定,当无规定时则不小于4 h。
(5)机械式余压阀的安装,阀体、阀板的转轴均应水平,允许偏差为2‰,余压阀安装位置应在室内系统的下风侧,并不应在工作面高度范围内。
(6)传递窗的安装应牢固、垂直,与墙体的连接处应密封</td></tr>
<tr><td>装配式洁净室</td><td>(1)洁净室的顶板与壁板(包括夹芯材料)须为不可燃材料。
(2)洁净室地面应平整、干燥,平整度允许偏差为1‰。
(3)壁板的构配件和辅助材料的开箱应在清洁的室内进行。安装前应严格检查其规格和质量。壁板应垂直安装,底部宜采用圆弧或钝角交接。安装后的壁板之间、壁板与顶板间的拼缝应平整严密。墙板的垂直允许偏差为2‰。顶板水平度的允许偏差与每个房间的几何尺寸的允许偏差均为2‰。
(4)洁净室吊顶在受荷载后保持平直,压条全部紧贴洁净室。壁板若为上下槽形板时,其接头应平整严密。组装完毕的洁净室所有拼接缝,包括与建筑的接缝,均应采取密封措施,做到不脱落、密封良好</td></tr>
<tr><td>洁净层流罩的安装</td><td>(1)应设独立的吊杆,并有防晃动的固定措施。
(2)层流罩安装的水平度允许偏差为1‰,高度的允许偏差为±1 mm。
(3)层流罩安装在吊顶上,其四周与顶板之间设有密封及隔振措施</td></tr>
</table>

续上表

项目	内容
高效过滤器安装	(1)高效过滤器安装前必须对洁净室进行全面清扫、擦净。净化空调系统内部如有积尘,应再次清扫、擦净,达到清洁要求。如在技术夹层或吊顶安装高效过滤器,则技术夹层或吊顶内也应进行全面清扫擦净。 (2)洁净高效净化空调系统达到洁净要求后,净化空调必须试运转,连续运转 18 h 以上再次清扫,洁净之后立即安装高效过滤器。 (3)高效过滤器一般和粗、中效过滤器串联使用。安装在系统末端通风口前。为了不影响正常施工,可用一段尺寸相同的风管代替高效过滤器将风管接好,防止施工时污染过滤器。 (4)高效过滤器的运输和存放应按照生产厂家的标志方向搁置。运输过程中应轻拿轻放,防止振动和碰撞。 (5)高效过滤器安装前必须在安装现场拆开包装进行外观检查。内容包括:滤纸、密封胶和框架有无破坏,边长和厚度是否符合要求、有无合格证,技术性能是否符合设计要求,然后进行检漏。经检查合格后立即进行安装,安装时应根据各台过滤器的阻力大小进行合理调配,对于单向定向风口或送风面上的各过滤器之间的每台额定和各台平均阻力相差不应大于5%。 (6)安装高效过滤器一般用压紧法。安装时将高效过滤器用压紧的帆板压紧,安装在框架上。可以水平、垂直安装,安装高效过滤器的框架应平整,每个高效过滤器的安装框架平整度允许偏差不应大于 1 mm。 (7)高效过滤器安装时外框架上的箭头应和系统方向一致。过滤器与框架之间的密封采用密封垫、不干胶、负压密封、液槽密封和双环密封等方法时都必须把填料表面、过滤器框架表面及液槽表面擦拭干净

3. 洁净系统测试

洁净系统测试方法见表5—3。

表5—3　洁净系统测试方法

项目	内容
测试准备	(1)净化空调系统的检测和调整应在系统进行全面清扫,且已定位 24 h 以上达到稳定后进行。进行室内洁净度检测,检测人员不宜多于 3 个,且必须穿与洁净室洁净度等级相适应的洁净工作服。

项目	内容
测试准备	(2)系统调试所使用的仪器、仪表性能应稳定可靠,其精度等级及最小分度值应能满足测定要求,并应符合国家有关计量法规和规定。 (3)系统调试应由施工单位负责,监理单位监督,设计单位与建设单位参与和配合。 (4)系统调试前,施工单位应按设计要求编制相应的调试方案,报经监理单位批准,并且备好相应调试记录资料
风量或风速的检测	(1)风口法是在安装有高效过滤器的风口处,根据风口形状连接辅助风管进行测量。即用镀锌钢板或其他不产尘材料做成与风口形状及内截面相同,长度等于2倍风口长边长的直管段,连接于风口外部。在辅助风管出口平面上,按最小测点数不少于6点均匀布置,使用热球式风速仪测定各测点之风速。然后,以求取的风口截面平均风速乘以风口净截面积求取测定风量。 (2)对于风口上风侧有较长的支管段,且已经或可以钻孔时,可以用风管法确定风量。测量断面应位于大于或等于局部阻力件前3倍管径或边长,局部阻力件后5倍管径或边长的部位。 (3)对于矩形风管,是将测定截面分割成若干个相等的小截面。每个小截面尽可能接近正方形,边长不应大于200 mm,测点应位于小截面中心,但整个截面上的测点数不宜小于3个。 (4)对于圆形风管,应根据管径大小,将截面划分成若干个面积相同的同心圆环,每个圆环测4点。根据管径确定圆环数量,不宜少于3个
静压差的检测	(1)静压差的测定应在所有的门关闭的条件下,由高压向低压,由平面布置上与外界最远的里间房间开始,依次向外测定。 (2)采用的微差压力计,其灵敏度不应小于2.0 Pa。 (3)有孔洞相通的不同等级相邻的洁净室,其洞口处应由合理的气流流向。洞口的平均风速大于等于0.2 m/s时,可用热球风速仪检测
空气过滤器泄漏测试	(1)高效过滤器的检测,应采用采样速度大于1 L/min的光学粒子计数器。D类高效过滤器宜采用激光粒子计数器或凝结核计数器。 (2)采用粒子计数器检漏高效过滤器,其上风侧应引入均匀浓度的大气尘或含其他气溶胶尘的空气。对于大于等于0.5 μm的尘粒,浓度应大于或等于3.5×10^5 pc/m^3;大于或等于0.1 μm的尘粒,浓度应大

续上表

项目	内容
空气过滤器泄漏测试	于或等于 3.5×10^7 pc/m³；若检测 D 类高效过滤器，对大于或等于 0.1 μm 的尘粒，浓度应大于或等于 3.5×10^9 pc/m³。 (3)高效过滤器的检测采用扫描法，即在过滤器下风侧用粒子计数器的等动力采样头，放在距离被检测部位表面 20～30 mm 处，以 5～10 mm/s 的速度，对过滤器的表面、边框和封头胶处进行移动扫描检查。 (4)泄漏率的检测应在接近设计风速的条件下进行。将受检高效过滤器下风侧测得的泄漏浓度换算成透过率，高效过滤器不得大于出厂合格透过率的 2 倍；D 类高效过滤器不得大于出厂合格透过率的 3 倍。 (5)在移动扫描检测工程中，应对计数突然递增的部位进行定点检测

【技能要点 2】空调制冷系统的安装方法

1. 基础验收

核实基础的混凝土强度等级、外型尺寸、标高坐标、预埋件、预留孔位置是否与设计尺寸一致，允许偏差见表 5—4。基础表面应保持平整。

表 5—4　混凝土设备基础的允许偏差

项目	允许偏差(mm)
坐标位置(纵横轴线)	20
不同平面的标高	0 －20
平面外型尺寸	±20
凸台上平面外型尺寸	0 －20
凹穴尺寸	＋20 0
平面的水平度(包括地坪上需安装设备的部分)	每米 5 且全长 10
垂直度	每米 5 且全长 10

续上表

项目		允许偏差(mm)
预埋地脚螺栓	标高(顶端)	+20 0
	中心距(在根部和顶部两处测量)	±2
预埋地脚螺栓孔	中心位置	10
	深度	+20 0
	孔壁铅垂度	10
预埋活动地脚螺栓锚板	标高	+20 0
	中心位置	5
	带槽的锚板与混凝土面的平整度	5
	带螺栓孔的锚板与混凝土面的平整度	2

2. 地脚螺栓安装

(1)地脚螺栓的不铅垂度不应超过10‰。

(2)地脚螺栓离孔壁的距离应大于15 mm。

(3)地脚螺栓底端不应比孔底。

(4)地脚螺栓上的油脂和污垢应清除干净,但螺纹部分应涂油脂。

(5)螺母与垫圈间和垫圈与设备底座间接触均应良好。

(6)拧紧螺母后,螺栓必须露出螺母1.5～3个螺距。

3. 机组安装

(1)吊装设备时,吊装的钢丝绳不要使仪表板、油水管道等受力,钢丝绳与设备的接触点,应垫以木板。主要承力点要高于设备重心,以防倾倒。吊装的受力点位置不应使机组底盘产生变形。两台以上同型号机组应在同一标高,允许偏差为±10 mm。

(2)机组找平应在加工面上找平,允许偏差为0.1‰。

(3)机组安装的位置、标高和管口方向必须符合设计要求。用地脚螺栓固定的制冷设备或制冷附属设备,其垫铁的放置位置应正确,接触紧密;螺栓必须拧紧,并有防松动措施。

(4)设有减振基础的机组,其冷却水管、冷冻水管及电气管路也必须设置减振装置。

(5)直接膨胀表面式冷却器的外表应保持清洁、完整,空气与制冷剂应呈逆向流动;表面式冷却器与外壳四周的缝隙应堵严,冷凝水排放应畅通。

(6)燃油系统的设备与管道以及储油罐、日用油箱的安装、位置和连接方法应符合设计与消防要求。燃气系统设备的安装应符合设计与消防要求。调压装置、过滤器的安装和调节应符合设备技术文件的规定,且应可靠接地。

燃油管道系统必须设置可靠的防静电接地装置,其管道法兰应采用镀锌螺栓连接或在法兰处用铜导线进行跨接,且结合良好。

(7)燃气管道与机组的连接不得使用非金属软管。燃气管道的吹扫和压力试验应用压缩空气或氮气,严禁用水。当燃气供气管道压力大于 0.005 MPa 时,焊缝的无损检测的执行标准应按设计规定。当设计无规定,且采用超声波探伤时,应全数检测。以质量不低于Ⅱ级为合格。

燃油系统油泵和蓄冷系统载冷机泵的安装,纵、横向水平度允许偏差为 1‰,联轴器两轴心向倾斜允许偏差为 0.2‰,径向位移为 0.05 mm。

(8)模块式冷水机组单元多台并联组合时,接口应牢固,且严密不漏。连接后机组的外表应平整、完好,无明显的扭曲。

4.制冷系统管道、管件和阀门的安装

制冷系统管道、管件和阀门的安装方法见表 5—5。

表 5—5　制冷系统管道、管件和阀门的安装方法

项目	内容
管道安装	(1)制冷系统管道的坡度及坡向,如设计无明确规定应满足表 5—6 要求。 (2)制冷系统的液体管安装不应有局部向上凸起的弯曲现象,以免形成气囊。气体管不应有局部向下凹的弯曲现象。以免形成液囊。

续上表

<table>
<tr><th>项目</th><th>内容</th></tr>
<tr><td>管道安装</td><td>

表 5—6　制冷系统管道的坡度坡向

<table>
<tr><th>管道名称</th><th>坡度方向</th><th>坡度</th></tr>
<tr><td>分油器至冷凝器相连接的排气管水平管段</td><td>坡向冷凝器</td><td>3‰～5‰</td></tr>
<tr><td>冷凝器至贮液器的出液管的水平管段</td><td>坡向贮液器</td><td>3‰～5‰</td></tr>
<tr><td>液体分配站至蒸发器[排管]的供液管水平管段</td><td>坡向蒸发器</td><td>1‰～3‰</td></tr>
<tr><td>蒸发器[排管]至气体分配站的回气管水平管段</td><td>坡向蒸发器</td><td>1‰～3‰</td></tr>
<tr><td rowspan="2">氟利昂压缩机吸气水平管排气管</td><td>坡向压缩机</td><td>4‰～5‰</td></tr>
<tr><td>坡向油分离器</td><td>1‰～2‰</td></tr>
<tr><td>氨压缩机吸气水平管排气管</td><td>坡向低压桶</td><td></td></tr>
<tr><td>凝结水管的水平管</td><td>坡向排水器</td><td>≥8‰</td></tr>
</table>

(3)从液体干管引出支管，应从干管底部或侧面接出，从气体干管引出支管，应从干管上部或侧面接出。

(4)管道成三通连接时，应将支管按制冷剂流向弯成弧形再行焊接(图 5—1(a))，当支管与干管直径相同且管道内径小于 50 mm 时，则需在干管的连接部位换上大一号管径的管段，再按以上规定进行焊接(图 5—1(b))。

(5)不同管径的管子直线焊接时，应采用同心异径管(图 5—1(c))。

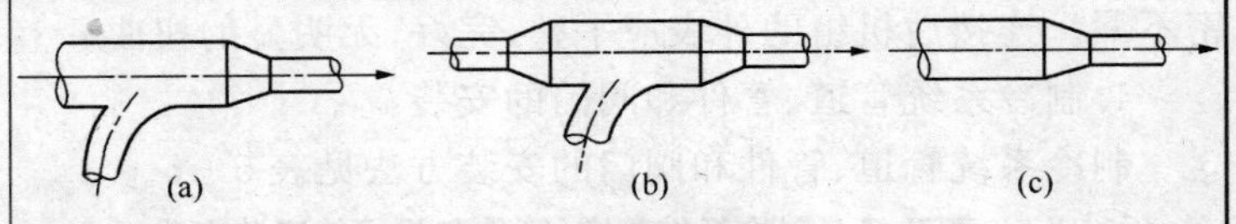

图 5—1　同心异径管

(6)紫铜管连接宜采用承插口焊接或套管式焊接，承口的扩口深度不应小于管径，扩口方向应迎介质流向(图 5—2)。采用承插钎焊焊接的铜管，其插接深度应符合表 5—7 的规定，承插的扩口方向应迎介质流向。当采用套接钎焊焊接时，其插接深度应不小于承插连接的规定。采用对焊焊缝组对规定的内壁应齐平，错边量不大于 0.1 倍壁厚，且不大于 1 mm。

</td></tr>
</table>

续上表

<table>
<tr><th>项目</th><th>内容</th></tr>
<tr><td>管道安装</td><td>
图5—2　紫铜管连接

表5—7　承插式钎焊焊接的铜管承口的扩口深度表(单位:mm)
<table>
<tr><td>铜管规格</td><td>≤DN15</td><td>DN20</td><td>DN25</td><td>DN32</td><td>DN40</td><td>DN50</td><td>DN65</td></tr>
<tr><td>承插口的扩口深度</td><td>9～12</td><td>12～15</td><td>15～18</td><td>17～20</td><td>21～24</td><td>24～26</td><td>26～30</td></tr>
</table>
(7)紫铜管切口表面应平齐,不得有毛刺、凹凸等缺陷。切口平面允许倾斜偏差为管子直径的1%。
(8)紫铜管煨弯可用热弯或冷弯,随圆率不应大于8%
</td></tr>
<tr><td>阀门安装</td><td>
(1)阀门安装位置、方向、高度应符合设计要求不得反装。
(2)安装带手柄的手动截止阀,手柄不得向下。电磁阀、调节阀、热力膨胀阀、升降式止回阀等,阀头均应向上竖直安装。
(3)热力膨胀阀的感温包应装于蒸发器末端的回气管上,应接触良好,绑扎紧密,并用隔热材料密封包扎,其厚度与保温层相同。
(4)安全阀安装前,应检查铅封情况和出厂合格证书,不得随意拆启。
(5)安全阀与设备间若设关断阀门,在运转中必须处于全开位置,并预支铅封
</td></tr>
<tr><td>仪表安装</td><td>
(1)所有测量仪表按设计要求均采用专用产品,压力测量仪表须用标准压力表进行校正,温度测量仪表须用标准温度计校正并做好记录。
(2)所有仪表应安装在光线良好,便于观察,不妨碍操作检修的地方。
(3)压力继电器和温度继电器应装在不受震动的地方
</td></tr>
</table>

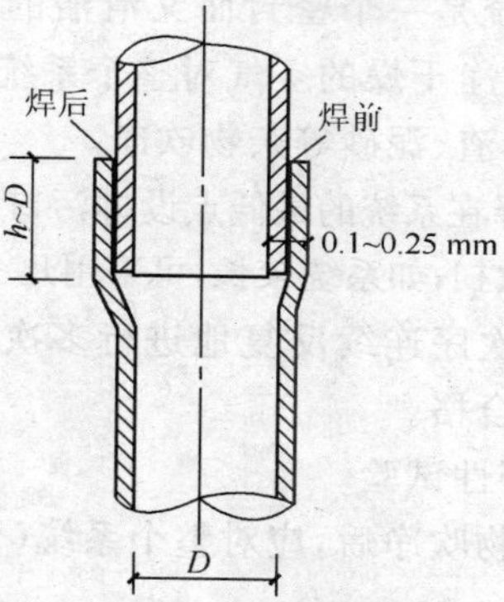

5. 系统吹污、气密性试验及抽真空

(1)系统吹污

整个制冷系统是一个密封而又清洁的系统，不得有任何杂物存在，必须采用洁净干燥的空气对整个系统进行吹污，将残存在系统内部的铁屑、焊渣、泥砂等杂物吹净。

吹污前应选择在系统的最低点设排污口。用压力 0.5～0.6 MPa 的干燥空气进行吹扫；如系统较长，可采用几个排污口进行分段排污。

此项工作按次序连续反复地进行多次，当用白布检查吹出的气体无污垢时为合格。

(2)系统气密性试验

①系统内污物吹净后，应对整个系统(包括设备、阀件)进行气密性试验。

②制冷剂为氨的系统采用压缩空气进行试压。

制冷剂为氟利昂的系统采用瓶装压缩氮气进行试压。对于较大的制冷系统也可采用压缩空气，但须经干燥处理后再充入系统。

③检漏方法：用肥皂水对系统所有焊口、阀门、法兰等连接部件进行仔细涂抹检漏。

④在试验压力下，经稳压 24 h 后观察压力值，不出现压力降为合格(温度影响除外)。

⑤试压过程中如发现泄漏，检修时必须在泄压后进行，不得带压修补。

⑥系统气密性试验压力见表 5—8。

表 5—8　系统气密性试验压力　(单位：MPa)

系统压力	制冷剂			
	活塞式制冷机			离心式制冷机
	R717	R22	R12	R11
低压系统	1.176		0.98	0.196
高压系统	1.764		1.56	0.196

注：低压系统指节流阀起经蒸发器到压缩机吸入口的试验压力；高压系统指自压缩机排出口起经冷凝器到节流阀止的试验压力。

(3)系统抽真空试验

在气密性试验合格后，采用真空泵将系统抽至剩余压力小于5.332 kPa(40 mm 汞柱)，保持24 h系统升压不应超过0.667 kPa(5 mm 汞柱)。

6.系统充制冷剂

(1)制冷系统充灌制冷剂时，应将装有质量合格的制冷剂钢瓶在磅秤上称好重量，做好记录，用连接管与机组注液阀接通，利用系统内的真空度，使制冷剂注入系统。

(2)当系统内的压力升至0.196～0.294 MPa(2～3 kgf/cm^2)时，应对系统再将进行检漏。查明泄漏后应予以修复，再充灌制冷剂。

(3)当系统压力与钢瓶压力相同时，即可起动压缩机，加快充入速度，直至符合系统需要的制冷剂重量。

7.管道防腐

(1)制冷管道、型钢、托吊架等金属制品必须做好除锈防腐处理，安装前可在现场集中进行。如采用手工除锈时，用钢针刷或砂布反复清刷，直至露出金属本色，再用棉丝擦净锈尘。

(2)制冷管道刷色调和漆，按设计规定。制冷系统管道油漆的种类、遍数、颜色和标记等应符合设计要求。如设计无要求，制冷管道(有色金属管道除外)油漆可参照表5—9。

表5—9　制冷剂管道油漆

管道类别		油漆类别	油漆遍数	颜色标记
低压系统	保温层以沥青为胶粘剂	沥青漆	2	蓝色
	保温层不以沥青为胶粘剂	防锈底漆	2	
高压系统		防锈底漆	2	红色
		色漆	2	

(3)第一层底漆或防锈漆直接涂在工件表面上，与工件表面紧密结合，起防锈、防腐、防水、层间结合的作用；第二层面漆(调和漆和磁漆等)涂漆应精细，使工件获得要求的色彩；第二道面漆最好在安装后涂刷，以保证外表美观，颜色一致。

(4)一般底漆或防锈漆应涂刷一道到两道;第二层的颜色最好与第一层颜色略有区别,以检查第二层是否有漏涂现象。每层涂刷不宜过厚,以免起皱和影响干燥。如发现不干、皱皮、流挂、露底时,须进行修补或重新涂刷。在涂刷第二道底漆之前,第一道底漆必须彻底干燥,否则会出现漆层脱落的现象。

(5)表面涂调和漆或磁漆时,要尽量涂得薄而均匀。如果涂料的覆盖力较差,也不允许任意增加厚度,而应逐次分层涂刷覆盖。每涂一层漆后,应有一个充分干燥的时间,待前一层表干后才能涂下一层。

(6)支吊架的防腐必须在下料预制后进行,避免管道与设备就位后涂刷支架,造成支吊架与管道及设备接触的部分漏刷。

(7)风管法兰及加固均应在制作后和风管组装前涂刷防锈底漆,风口及风阀的叶片及本体应在组装前根据工艺情况涂刷防锈底漆,以免造成局部漏刷。

(8)涂层漆膜的厚度应符合设计要求。

8. 管道保温

管道保温方法见表5—10。

表5—10 管道保温方法

项目	内容
绝热层施工	(1)直管段立管应自下而上顺序进行,水平管应从一侧或弯头的直管段处顺序进行。 (2)硬质绝热层管壳可采用16～18号镀锌铁丝双股捆扎,捆扎的间距不应大于400 mm,并用黏贴材料紧密粘贴在管道上。管壳之间的缝隙不应大于2 mm并用黏贴材料勾缝填满,环缝应错开,错开距离不小于75 mm,管壳从缝应设在管道轴线的左右侧,当绝热层大于80 mm时,绝热层应分两层铺设,层间应压缝。 (3)半硬质及软质绝热制品的绝热层可采用包装钢带,14～16号镀锌钢丝进行捆扎。其捆扎间距,对半硬质绝热制品不应大于300 mm;对软质不大于200 mm。 (4)每块绝热制品的捆扎件不得少于两道。 (5)不得采用螺旋式缠绕捆扎。

续上表

项目	内容
绝热层施工	(6)弯头处应采用定型的弯头管壳或用直管壳加工成虾米腰块，每个弯头应不少于3块，确保管壳与管壁紧密结合，美观平滑。 (7)设备管道上的阀门、法兰及其他可拆卸部件保温两侧应留出螺栓长度如25 mm的空隙。阀门、法兰部位则应单独进行保温(图5—3)。 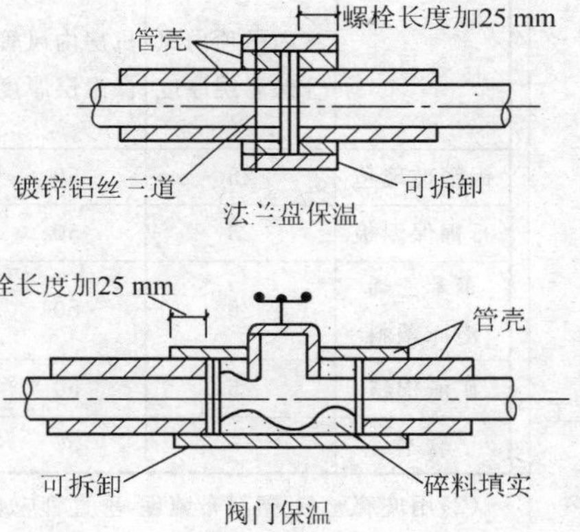 法兰盘保温 阀门保温 **图5—3　阀门、法兰部位保温** (8)遇到三通处应先做主干管，后分支管。凡穿过建筑物保温管道套管与管子四周间隙应用保温材料填塞紧密。 (9)管道上的温度计插座宜高出所设计的保温层厚度。不保温的管道不要同保温管道敷设在一起，保温管道应与建筑物保持足够的距离
防潮层施工方法	(1)垂直管应自下而上，水平管应从低点向高点顺序进行，环向搭缝口应朝向低端。 (2)防潮层应紧密粘贴在隔热层上，封闭良好，厚度均匀拉紧，无气泡、折皱、裂缝等缺陷。 (3)用卷材做防潮层，可用螺旋形缠绕的方式牢固粘贴在隔热层上，开头处应缠2圈后再呈螺旋形缠绕，搭接宽度宜为30～50 mm。 (4)用油毡纸作防潮层，可用包卷的方式包扎，搭接宽度为50～60 mm。油毡接口应朝下，并用沥青玛琋脂密封，每300 mm扎镀锌铅丝或铁箍一道

续上表

<table>
<tr><th>项目</th><th>内容</th></tr>
<tr><td>保护层施工方法</td><td>
(1)保温结构的外表必须设置保护层(护壳),一般采用玻璃丝布、塑料布、油毡包缠或采用金属护壳。一般风管及通风设备保温层厚度见表 5—11。
表 5—11　风管及设备保温层厚度　　(单位:mm)
<table>
<tr><th>项目</th><th>室内吊顶内风管保温层厚度</th><th>机房内风管保温层厚度</th><th>室外风管保温层厚度</th><th>风机及空气洗涤室保温层厚度</th></tr>
<tr><td>铝箔玻璃毡</td><td>25</td><td>50</td><td>—</td><td>50</td></tr>
<tr><td>石棉保温板</td><td>25</td><td>50</td><td>—</td><td>50</td></tr>
<tr><td>聚苯乙烯泡沫塑料</td><td>25</td><td>50</td><td>100</td><td>50</td></tr>
<tr><td>矿渣棉毡</td><td>25</td><td>50</td><td>—</td><td>50</td></tr>
<tr><td>软木</td><td>—</td><td>50</td><td>100</td><td>50</td></tr>
</table>
(2)用玻璃丝布、塑料布缠裹,垂直管应自下而上,水平管则应从最低点向最高点顺序进行。开始应缠裹 2 圈后再呈螺旋状缠裹,搭接宽度应 1/2 布宽、起点和终点应用粘接剂粘接或镀锌铁丝捆扎。应缠裹严密,搭接宽度均匀一致,无松脱、翻边、皱折和鼓包,表面应平整。
(3)玻璃线布刷涂防火涂料或油漆,刷涂前应清除管道上的尘土、油污。油刷上蘸的涂料不宜太多,以防滴落在地上或其他设备上。
(4)金属保护层的材料,宜采用镀锌薄钢板或薄铝合金板。当采用普通钢板时,其里外表面必须涂敷防锈涂料。
立管应自下而上,水平管应从管道低点向高处顺序进行,使横向搭接缝口朝顺坡方向。纵向搭接缝应放在管子两侧,缝口朝下。如采用平搭缝,其搭缝宜 30～40 mm。搭缝处用自攻螺丝或拉拔铆钉,扎带紧固,螺钉间距应不大于 200 mm。不得有脱壳或凹凸不平现象。有防潮层的保温不得使用自攻螺丝,以免刺破防潮层。保护层端应封闭
</td></tr>
</table>

【技能要点 3】空调水系统的安装方法

1. 支架制作与安装

支架制作与安装方法见表 5—12。

表5—12　支架制作与安装方法

项目	内容
支架安装要求	(1)支、吊架安装前,应对所要安装的支、吊架进行外观检查,外型尺寸及U形卡环或吊环应符合设计要求。 (2)对于有坡度要求的管道,应根据两点间的距离和坡度的大小,算出两点间的高差,然后在两点间拉一直线,按照支架的间距,在墙上或柱子上画出每个支架的位置。 (3)管道安装时,应及时进行支、吊架的固定和调整工作,支、吊架位置应正确,安装应平整、牢固,管子与支架接触良好。 (4)无热位移的管道,其吊杆应垂直安装。有热位移的管道吊杆应偏向位移的相反方向,按位移值的一半倾斜安装。 (5)导向支架或滑动支架的滑动面应洁净平整,不应有歪斜和卡涩现象,其安装位置应从支撑面向位移的相反方向偏移,偏移值为位移值的一半。 (6)弹簧支吊架的弹簧安装高度应按设计要求调整,并做好记录。 (7)吊卡必须在管路安装前按卡距套在管子上,根据管道坡度将吊杆长度调整好,再进行安装。 (8)大口径管道上的阀门应设置专用的阀门支架(托架),不得用管道承重
支架固定方法	(1)直接埋入墙内的固定支架,应先在混凝土墙或砖墙上预留孔洞,清除孔洞内的碎砖和尘土,用水冲洗干净,将支架埋入墙内,埋入深度应符合设计要求(一般不少于120 mm),然后找正支架,用石块或碎砖挤紧塞平,填1∶3水泥砂浆,水泥砂浆应密实饱满。水泥砂浆达到强度后方可安装管道。 (2)预埋件焊接支架:钢筋混凝土构件的管道支架,可在预制或现浇混凝土时,在各支架的位置预埋钢板后,将支架横梁焊在预埋的钢板上。 (3)膨胀螺栓固定支架:先按支架的位置,找出支架孔的位置,然后电锤钻孔(钻头应比膨胀螺栓大两个规格),孔洞的深度根据膨胀螺栓的长度确定,清除孔洞内的粉尘,将整套螺栓打入已钻好的孔洞内(击打时螺帽与螺栓外端齐平),然后锁紧螺母,直到螺栓将套管胀紧,固定牢固为止,再卸下螺帽,装上支架,拧紧螺帽,并调整支架的平整。 (4)钢屋架支架的安装,钢屋架内的大口径管道的支架,应根据设计要求,制定详细的施工方案,以确保结构和施工的安全。 (5)支、吊架的间距在设计无要求时,焊接、丝接的钢管应符合表5—13的要求,沟槽式连接的钢管应符合表5—14的要求

续上表

<table>
<tr><th>项目</th><th>内容</th></tr>
<tr><td>支架固定方法</td><td>

表 5—13 钢管道支、吊架的最大间距

<table>
<tr><td colspan="2">公称直径(mm)</td><td>15</td><td>20</td><td>25</td><td>32</td><td>40</td><td>50</td><td>70</td><td>80</td><td>100</td><td>125</td><td>150</td><td>200</td><td>250</td><td>300</td></tr>
<tr><td rowspan="3">支架的最大间距(m)</td><td>L_1</td><td>1.5</td><td>2.0</td><td>2.5</td><td>2.5</td><td>3.0</td><td>3.5</td><td>4.0</td><td>5.0</td><td>5.0</td><td>5.5</td><td>6.5</td><td>7.5</td><td>8.5</td><td>9.5</td></tr>
<tr><td>L_2</td><td>2.5</td><td>3.0</td><td>3.5</td><td>4.0</td><td>4.5</td><td>5.0</td><td>6.0</td><td>6.5</td><td>6.5</td><td>7.5</td><td>7.5</td><td>9.0</td><td>9.5</td><td>10.5</td></tr>
<tr><td colspan="15">对公称直径大于 300 mm 的管道可参考 300 mm 管道的间距</td></tr>
</table>

注:1. 适用于工作压力不大于 2.0 MPa,不保温或保温材料密度不大于 200 kg/m³ 的管道系统。
2. L_1 用于保温管道,L_2 用于不保温管道。

表 5—14 沟槽式连接管道的沟槽及支、吊架的间距

<table>
<tr><th>公称直径(mm)</th><th>沟槽深度(mm)</th><th>允许偏差(mm)</th><th>支、吊架的间距(m)</th><th>端面垂直度允许偏差(mm)</th></tr>
<tr><td>65～100</td><td>2.20</td><td>0～+0.3</td><td>3.5</td><td>1.0</td></tr>
<tr><td>125～150</td><td>2.20</td><td>0～+0.3</td><td>4.2</td><td rowspan="4">1.5</td></tr>
<tr><td>200</td><td>2.50</td><td>0～+0.3</td><td>4.2</td></tr>
<tr><td>225～250</td><td>2.50</td><td>0～+0.3</td><td>5.0</td></tr>
<tr><td>300</td><td>3.0</td><td>0～+0.5</td><td>5.0</td></tr>
</table>

注:1. 连接管端面应平整光滑、无毛刺;沟槽过深,应作为废品,不得使用。
2. 支、吊架不得支承在连接头上,水平管的任意两个连接头之间必须有支、吊架。

</td></tr>
</table>

2. 管道安装

管道安装方法见表 5—15。

表 5—15　管道安装方法

项目	内容
管道吊装就位	一般安装小管径和高度不是太高的管子,可利用脚手架人工直接就位,若安装大管径的管子就应考虑用倒链、滑轮或汽车起重机,在吊装管道时,为了防止管子在吊装时产生弯曲变形或摇摆不稳,产生意外事故,应正确选择吊点位置。一个点起吊:即为起吊管子的一端,另一端支在地面上,其吊点的位置在距离起吊端的 0.3L 处,L 为起吊管子长度,然后将管子起吊,此时吊点位置必高于管子的重心。两个吊点:吊管时采用两个吊点,则每个吊点分别距管子的各端距离为 0.21L(L 为管长)
套管安装	冷(热)水管路穿越墙体或楼板处应设钢制套管,套管应在管子就位后和连接前,安装到位,穿越墙体的钢制套管,与墙体饰面齐平,穿越楼板的套管下端与顶板饰面齐平,上部应高出楼层地面 20～50 mm,且同一房间内的高度必须一致。管子与套管之间环缝应均匀,并且用不燃绝热材料填塞紧密,接口不得设在套管内,距套管边缘应大于 50 mm
管道焊接连接	(1)对电焊机的选择:水暖管材最常见的多为低碳钢管,低碳钢具有良好的可焊性,选用交流电焊机焊接,选用焊条为钛钙型(酸性焊条)。 (2)电焊条应符合以下的要求:焊条的材质、规格、性能应同设计和母材的材质一致,焊条药皮均匀,坚固,无显著裂纹及成片脱落,熔渣应均匀盖住熔化金属,冷却后易于清除;容易打火,燃烧熔化均匀,无金属和熔渣飞溅,焊条不允许受潮,焊面应干燥,环境温度不应低于 5 ℃,以确保焊缝焊后无气孔、夹渣和裂纹。 (3)焊前:清除接口处的浮锈、污垢及油脂,钢管断面应与管子轴线垂直,当管子壁厚度大于或等于 4 mm 时,应开坡口,坡口形式和尺寸应符合(GB 50243—2002)表 9.3.2 的规定。坡口成型可采用锉刀加工或坡口机加工,但应清除渣屑及氧化铁,并应用锉刀加工,直至露出金属光泽,等口径管对焊时,两管壁厚度差不应大于 2 mm,异径管对焊时,应将大管管口缩成与小管的管口口径相同,再焊接。 (4)焊接要求:管道焊接表面应清理干净,并进行外质量检查,焊缝外观质量不应低于现行国家标准《现场设备、工业管道焊接工程施工及验收规范》(GB 50236—1998)中的四级规定
管道螺纹连接	螺纹连接的步骤是下料套丝组装调直做标记拆卸组装,重点工序是下料和调直,下料要准确,调直要到位,这样加工出来的管子顺直,无局部弯曲。

续上表

<table>
<tr><th>项目</th><th>内容</th></tr>
<tr><td>管道螺纹连接</td><td>
螺纹管道连接的操作重点：首先将管端丝头均匀涂抹一道的铅油，用麻丝按顺螺纹方向缠绕少许（或直接采用聚四氯乙烯胶带更为方便）然后用管钳或台钳将管子夹紧，先用手将管件拧上二、三扣，称为戴扣，当用手拧不动时，再用管钳子拧，拧劲不可过大，适可而止，管钳子的规格要与管子的管径相对应。
拧配件时，不仅要求拧紧，还须考虑配件的位置和朝向，不允许因拧过头而用倒拧的办法纠正。螺纹连接的管道，螺纹应清洁、规整，无乱丝或断丝，连接牢固，接口处根部处露螺纹 2～3 扣并应清除干净，丝扣处要刷防锈漆一道，无油麻等毛刺，断丝，连接牢固，接口处根部处露螺纹 2～3 扣并应清除干净，丝扣处要刷防锈漆一道，无油麻等毛刺，镀锌管道有镀锌层应注意保护，不得用有局部破损的镀锌钢管。镀锌钢管焊接应做二次镀锌。
钢塑复合管道的安装，当系统工作压力不大于 1.0 MPa 时可采用涂（衬）塑焊接钢管螺纹连接，与管道配件的连接深度和扭矩符合表 5—16 的规定，当系统工作压力为 1.0～2.5 MPa 时，可采用（涂）衬塑无缝钢管法兰连接或沟槽式连接，管道配件均为无缝钢管涂（衬）塑管件，沟槽式连接的管道，其沟槽与橡胶密封圈和卡箍套必须为配套合格产品
表 5—16　钢塑复合管螺纹连接深度及紧固扭矩
<table>
<tr><td colspan="2">公称直径（mm）</td><td>15</td><td>20</td><td>25</td><td>32</td><td>40</td><td>50</td><td>65</td><td>80</td><td>100</td></tr>
<tr><td rowspan="2">螺纹连接</td><td>深度（mm）</td><td>11</td><td>13</td><td>15</td><td>17</td><td>18</td><td>20</td><td>23</td><td>27</td><td>33</td></tr>
<tr><td>牙数</td><td>6.0</td><td>6.5</td><td>7.0</td><td>7.5</td><td>8.0</td><td>9.0</td><td>10.0</td><td>11.5</td><td>13.5</td></tr>
<tr><td colspan="2">扭矩（N·m）</td><td>40</td><td>60</td><td>100</td><td>120</td><td>150</td><td>200</td><td>250</td><td>300</td><td>400</td></tr>
</table>
</td></tr>
<tr><td>管道法兰连接</td><td>
法兰的尺寸和工作压力应符合技术标准，与阀门相连的法兰应与阀门的规格与压力相一致。
法兰焊接时要注意螺孔的位置和数量。安装在水平管路上时，最上面的两个螺孔应呈水平状态，垂直管路上时靠近墙面的两个螺孔应与墙面平行，注意两片法兰盘的对接端面互相平行，各个螺孔应对正，若不对正找平，对平找正后，先在法兰盘的螺孔中穿入几个螺栓，水平管段应在法兰盘底部，垂直管端应穿在靠墙的一面。
</td></tr>
</table>

续上表

项目	内容
管道法兰连接	将垫片插入法兰盘之间，再窜入余下的螺栓。连接法兰的螺栓，端部伸出螺母的长度不得大于螺栓直径的一半，也不应小于两个螺纹，螺母要位于法兰的同侧，连接阀件的螺栓、螺母一般放在阀件的一侧，拧紧法兰须使用合适的扳手，并分两次进行，拧紧的顺序应对称均匀的进行，拧法兰螺栓时不得过紧，避免使螺栓承受过大的应力，并注意螺栓不要偏斜，螺栓的规格、长度应与法兰相配，法兰螺栓拧紧后，两法兰密封面应平行

3. 阀门安装

(1)阀门的安装位置、高度、进出口方向必须符合设计要求，连接应牢固紧密。

(2)安装在保温管道上的各类手动阀门，手柄均不得向下。

(3)阀门安装前必须进行外观检查，阀门的铭牌应符合现行国家标准《通用阀门标志》(GB/T 12220—1989)的规定。对于工作压力大于 1.0 MPa 及在主干管上起到切断作用的阀门，应进行强度和严密性试验，合格后方准使用。其他阀门可不单独进行试验，待在系统试压中检验。强度试验时试验压力为公称压力的 1.5 倍，持续时间不少于 5 min，阀门的壳体填料应无渗漏。严密性试验时试验压力为公称压力的 1.1 倍；试验压力在试验持续的时间内应保持不变，时间应符合表 5—17 的规定，以阀瓣密封面无渗漏为合格。

表 5—17　阀门压力持续时间

公称直径 DN(mm)	最短试验持续时间(s)	
	严密性试验	
	金属密封	非金属密封
≤50	15	15
65～200	30	15
250～450	60	30
≥500	120	60

4. 水压试验及冲洗

(1)冷热水系统的试验压力，当工作压力小于等于 1.0 MPa

时，为 1.5 的倍工作压力，但最低不小于 0.6 MPa，当工作压力大于 1.0 MPa 时，为工作压力加 0.5 MPa。

(2)对于大型或高层建筑垂直高差较大的冷(热)媒水、冷却水管道系统宜采用分区、分层试压和系统试压相结合的方法，一般建筑可采用系统试压方法。分区分层试压：对相对独立的局部区域的管道进行试压，在试验压力下，稳压 10 min，压力不得下降，再将系统压力降至工作压力，在 60 min 内压力不得下降，外观检查无漏渗为合格。系统试压：在各分区管道与系统主、干管道全部连通后，对整个系统的管道进行系统的试压，试验压力以最低点的压力为准，但最低点的压力不得超过管道与组成件的承受压力，压力试验升至试验压力后，稳压 10 min，压力下降不得大于 0.02 MPa，再将系统压力降至工作压力，外观检查无渗漏为合格。

(3)各类耐压塑料管的强度试验压力为 1.5 倍工作压力，严密性工作压力为 1.15 倍的设计工作压力。

(4)试压合格后，应对管道进行冲洗，直至管道内的杂物彻底清除，管道方可与设备、机组连接。

(5)试压合格后，应报甲方及监理工程师验收。

(6)凝结水系统采用充水试验，应以不渗漏为合格。

5.冷却塔安装

(1)冷却塔的基础要按照设计的型号和基础尺寸施工，首先对照设计，如设计无规定时，应对照现场设备的实物进行施工、检查及验收。

(2)进出水管在冷却塔的接口处应设支座。

(3)冷却塔的安装，应特别注意其中心线应垂直于地面，以免影响布水器及电动机风机的正常工作。还要特别注意风机叶片与风筒部分的间隙要一致。

(4)安装中央进水管时，一定要保证布水器位于冷却塔中心，进水管要垂直，保证进水管处于水平位置。

(5)安装填料前，就应在布水器下面与中塔体用三根拉绳固定住，以防安装填料时，离开中心位置。

(6)布水管按名义流量开孔,如使用的冷却水量与名义流量相差较大时,在现场通过扩孔或堵孔的办法解决。原则要达到布水器转速合适,布水均匀,塔下各点的冷却后水温接近即可。

第二节　系统调试

【技能要点1】系统调试一般规定

(1)系统调试所使用的测试仪器和仪表,性能应稳定可靠,其精度等级及最小分度值应能满足测定的要求,并应符合国家有关计量法规及检定规程的规定。

(2)通风于空调工程的系统调试,应由施工单位负责、监理单位监督,设计单位与建设单位参与和配合。系统调试的实施可以是施工企业本身或委托给具有调试能力的其他单位。

(3)系统调试前,承包单位应编制调试方案,报送专业监理工程师审核批准;调试结束后,必须提供完整的调试资料和报告。

(4)通风与空调工程系统无生产负荷的联合试运转及调试,应在制冷设备和通风与空调设备单机试运转合格后进行。空调系统带冷(热)源的正常联合试运转不应少于8 h,当竣工季节与设计条件相差较大时,仅做不带冷(热)源试运转。通风、除尘系统的连续试运转不应少于2 h。

(5)净化空调系统运行前应在回风、新风的吸入口处和粗、中效过滤器前设置临时用过滤器(如无纺布等),实行对系统的保护。净化空调的检测和调整,应在系统进行全面清扫,且已运行24 h及以上达到稳定后进行。洁净室洁净度的检测,应在空态或静态下进行或按合约规定。室内洁净度检测时人员不宜多于3人,均必须穿与洁净室洁净度等级相适应的洁净工作服。

【技能要点2】调试准备

(1)测定与调整前应对使用的仪表进行校核,综合效能试验测定时所使用的仪表精度级别应高于被测对象的级别。

(2)常用仪表包括水银温度计、叶轮风速仪、热球风速仪、皮托管、倾斜式微压计、转速表等。

(3)施工单位应编制好试调方案,报经监理批准后方可进行调试。

(4)调试人员熟悉掌握系统全貌、设计参数、设备性能和使用方法,特别是设备的使用说明书。

【技能要点3】系统调试

1. 风量的测定

(1)空调系统风量的测定与调整包括总送风量、新风量、一、二次回风量、排风量以及各干、支管风量和风口风量等。风道内风量一般用皮托管和微压计测出平均动压后,再计算出风量。送、回风口及新风口一般用叶轮风速仪或热球风速仪测定风量。

(2)测定截面的位置:测定截面应选择在气流均匀稳定处,按系统方向一般选择在局部阻力之后大于或等于4倍管径或矩形风管大边尺寸,和局部阻力之前大于或等于1.5倍管径或矩形风管大边尺寸的直管段上,如图5—4所示。如条件受到限制时,距离可适当缩短,但应适当增加测量数量。

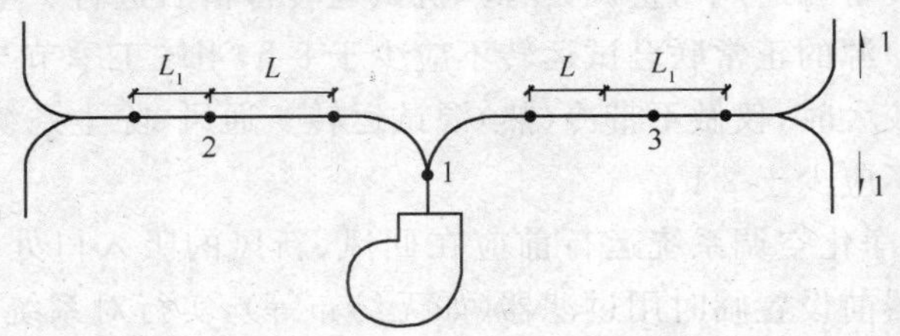

1、2、3为测定截面位置　　$L \geqslant 4D$或风管大边尺寸

$L_1 \geqslant 1.5D$或风管大边尺寸

图5—4　测定截面的位置

(3)测定截面上的测定点:由于风管截面上各点的气流速度不等,所以应当在同一截面上测定若干点,然后求出平均风速。

(4)风管内风量的测定和计算:风管内风量的测定实际上就是对风管截面上平均风速测定。当测出平均风速,风量L(单位:m^3/h)可按下式计算:

$$L=3\ 600F \cdot v$$

式中　F——风管截面积(m^2)；

v——测定截面的平均风速(m/s)。

(5)风口风量的测定和计算。

风口风量 L 的计算公式为：

$$L=3\ 600F\cdot v\cdot K$$

式中　F——风口截面积(m^2)；

v——风口平均风速(m/s)；

K——修正系数，一般为0.7～1.0。

2. 风量调整

(1)先将全部风口普测一遍风速后(阀门、风口全部处于开启状态)列表排出实测风量与原设计值相比，以比值最小的风口作为基准风口，调相邻风口的风量，使 $L_{基}/L_{邻}\approx L_{基设}/L_{邻设}$，并以同样方法调节其他风口与基准风口的风量比值，使之接近设计比值。风量调节一般应从风机最远的支干管开始。

(2)各支干管上的风口调整平衡后，开始调整支干管上的总风量。此时，从最远处的支干管开始调节。在相邻的支干管上各选取一个风口作为代表风口，调节支干管上的风阀使两个风口风量的比值数与设计比值数相等。以此类推，使各支干管风量的比值数与设计的比值数相等。

(3)将总风管的风量调节到设计风量，则各支干管和各风口的风量将按照最后调整的比例值数自动进行等比分配达到设计风量。

(4)试调中经常会碰到风口的形状、规格相同，且风量相同的侧送风口，此时可将同样大小的纸条分别贴在各送风口的同一位置上，观察送风时纸条是否被吹起达到相同的倾斜角度，以判断各送风口风量是否均匀。如果有明显的不均匀，就要进行调整，直到基本均匀后再用仪器测量风量值，这样可以减少测定工作量，从而加快了调试进度。

(5)允许偏差值的规定：各风口风量实测值与设计值的允许偏差不大于15%。

3. 室内温度、相对湿度的测定和调整

(1)室内温度、相对湿度的测定应在系统运行基本稳定后进行,净化空调应已连续运行至少 24 h。对有恒温要求的场所,根据对温度和相对湿度波动范围的要求,测定宜连续进行 8～48 h,每次测定间隔时间不大于 30 min。

(2)测点布置:

①送、回风口处。

②恒温工作区内具有代表性的地点(如沿工艺设备周围布置或等距离布置)。

③室中心位置(没有恒温要求的系统,温、湿度只测此一点)。

④敏感元件处。所有测点宜设在同一高度,离地面 0.8 m 处;测点距外墙内表面应大于 0.5 m。

(3)室内状态参数达不到设计要求是有多种原因造成的,应针对实际情况进行调整和处理。

4. 通风机、空调机组中的风机单机试运转

(1)启动前的准备工作

①除风机、风管内的脏物,避免使其进入空调房间或损坏设备。

②核对通风机、电动机的型号、规格以及皮带轮的直径是否与实际相符。

③检查风机进出口处的柔性接头是否严密。

④检查轴承处是否有足够的润滑油。

⑤用手盘车,通风机叶轮应该无卡碰现象。

⑥检查传动皮带的松紧是否恰当。

⑦检查风机的调节阀门启闭是否灵活,定位装置是否牢靠。

⑧检查电动机的接地是否可靠。

(2)风机的启动和运转

①关好空调机上的检查门和风道上的入孔门。

②主干管、支干管、支管上的风量调节阀若是多叶阀门则应全开,若是三通阀门则应调到中间位置。

③送、回风口的调节阀门应全部打开。

④回风管道上的防火阀应处于开启位置。

⑤新风入口，一、二次回风口和加热器前的调节阀开启到最大位置，加热器的旁通阀应处于关闭状态。

⑥接通电源启动风机。当转速不断上升到额定转速后，风机启动完毕。风机的旋转方向应与机壳上箭头所示的方向一致。

⑦风机运行时应平稳、无异常振动和声响。

⑧风机启动后，用钳形电流表测量电动机的电流值，若电流超过额定值时，可将总风量调节阀关小，直至等于额定值为止。

⑨在额定转速下连续运转 2 h 后，滑动轴承外壳最高温度不得超过 70 ℃；滚动轴承不得超过 80 ℃。

5. 水泵单机试运转

(1)水泵启动前的准备工作

①轴承充好油，油位正常，油质合格。

②水泵入口阀门全开，检查轴封涌水情况，以少许滴水为佳。

③吸水水位低于水泵的需向泵内注水，注水时把泵壳上的放气阀门打开，空气排完后关闭。

④用手盘车，检查轴封的松紧程度和叶轮是否有卡阻现象。

(2)水泵的启动和运转

①点动水泵，看水泵叶轮的旋转方向是否正确。

②启动水泵，等水泵转数达到额定转数后，水泵应无异常振动和声响，紧固连接部位无松动，壳体密封处不得渗漏、轴封的温升应正常；在无特殊要求的情况下，普通填料泄漏量不应大于 60 mL/h，机械密封的不应大于 5 mL/h。检查压力表和电流表的读数是否正常。慢慢打开出口阀门，向外供水。注意水泵闭闸运行时间不能过长，禁止缺水运行。

③水泵连续运行 2 h 后，滑动轴承外壳的最高温度不得超过 70 ℃；滚动轴承不得超过 75 ℃。

6. 冷却塔试运转

(1)风机、电机、减速机运转前须按相应产品的说明书检查，特别是电机接线。符合要求后再启动,启动顺序由低速到高速。叶片角度按产品样本规定数值安装后,如高速运转电流超过额定值,应停机速与厂家联系。

(2)冷却塔运行时塔体应稳固、无异常振动,其噪声应符合设备技术文件的规定。

(3)冷却塔风机与冷却水系统循环试运行不少于2 h,运行应无异常情况。

7. 其他部件要求

(1)制冷机组、单元式空调机组的试运转,应符合设备技术文件和现行国家标准《制冷设备、空气分离设备安装工程施工及验收规范》(GB 50274—1998)的有关规定,正常运转不应少于8 h;产生的噪声不宜超过产品性能说明书的规定值。

(2)电控防火、防排烟风阀(口)的手动、电动操作应灵活,信号输出正确。

(3)风机盘管机组的三速、温控开关的动作应正确,并与机组的运行状态一一对应。

(4)通风工程系统无生产负荷联动试运转及调试应符合下列规定:

①统联动试运转中,设备及主要部件的联动必须符合设计要求,动作协调、正确,无异常现象。

②系统经过平衡调整,各风口或吸风罩的风量与设计风量的允许偏差不应大于15%。

③湿式除尘器的供水与排水系统运行应正常。

(5)空调工程系统无生产负荷联动试运转及调试应符合下列规定:

①系统总风量调试结果与设计风量的偏差不应大于10%。

②空调冷热水、冷却水总流量测试结果与设计流量的偏差不应大于10%。

③舒适空调的温度、相对湿度应符合设计的要求。恒温、恒湿房间室内空气温度、相对湿度及波动范围应符合设计规定。

④空调工程水系统应冲洗干净、不含杂物，并排除管道系统中的空气；系统连续运行应达到正常、平衡；水泵的压力和水泵电机的电流不应出现大幅波动。系统平衡调整后，各空调机组的水流量应符合设计要求，允许偏差为20%。

⑤各种自动计量检测元件和执行机构的工作应正常，满足建筑设备自动化系统对被测定参数进行检测和控制的要求。

⑥多台冷却塔并联运行时，各冷却塔的进、出水量应达到均衡一致。

⑦空调室内噪声应符合设计规定要求。

⑧有压差要求的房间、厅堂与其他相邻房间之间的压差，舒适性空调正压为0～25 Pa；工艺性的空调应符合设计的规定。

⑨有环境噪声要求的场所，制冷、空调机组应按现行国家标准《采暖通风与空气调节设备噪声声功率级的测定——工程法》(GB 9068—1988)的规定进行测定。洁净室内的噪声应符合设计的规定。

(6)通风与空调工程的控制和监测设备应能与系统的监测元件和执行机构正常沟通，系统的状态参数应能正确显示，设备连锁、自动调节、自动保护应能正确动作。

(7)防排烟系统联合试运行与调试的结果(风量及正压)，必须符合设计与消防的规定。

(8)净化空调系统还应符合下列规定：

①单向流洁净室系统的系统总风量调试结果与设计风量的允许偏差为0%～20%，室内各风口风量与设计风量的允许偏差为15%。新风量与设计新风量的允许偏差为10%。

②单向流洁净室系统的室内截面平均风速的允许偏差为：0%～20%，且截面风速不均匀度不应大于0.25。新风量与设计新风量的允许偏差为10%。

③相邻不同级别洁净室之间和洁净室与非洁净室之间的静压差不应小于5 Pa，洁净室与室外的静压差不应小于10 Pa。

④室内空气洁净度等级必须符合设计规定的等级或在商定验

收状态下的等级要求，高于等于 5 级的单向流洁净室，在门开启的状态下，测定距离门 0.6 m 室内侧工作高度处空气的含尘浓度，亦不应超过室内洁净度等级上限的规定。

第六章 通风工安全操作规程

第一节 通风工施工安全规程

【技能要点1】制作过程安全规程

(1)使用剪板机时,手严禁伸入机械压板空隙中。上刀架不准放置工具等物品,调整板料时,脚不能放在踏板上。使用固定振动剪时,两手要扶稳钢板,手离刀口不得小于5 cm,用力均匀适当。

(2)咬口时,手指距滚轮护壳不小于5 cm,手柄不得放在咬口机轨道上,扶稳板料。

(3)折方时应互相配合并与折方机保持距离,以免被翻转的钢板和配重击伤。

(4)操作卷圆机、压缝机,手不得直接推送工件。

(5)操作前检查所有工具,特别是使用木、钣金、大锤之前,应检查锤柄是否牢靠。打大锤时,严禁戴手套,并注意四周人员和锤头起落范围有无障碍物。

(6)电动机具应布置安装在室内或搭设的工棚内,防止雨雪的侵袭,使用剪板机床时应检查机件是否灵活可靠,严禁用手摸刀片及压脚底面。如两人配合下料时更要互相协调;在取得一致的情况下,才能按下开关。

(7)使用型材切割机时,要先检查防护罩是否可靠,锯片运转是否正常。切割时,型材要量准、固定后再将锯片下压切割,用力要均匀,适度。使用钻床时,不准戴手套操作。

(8)风管搬运,需根据管段的体积、重量,组织适当的劳动力。加工现场条件允许也可以用平板车运输。多人搬运风管用力要一致,轻拿轻放,堆放整齐。

(9)玻璃钢风管制作场地比较潮湿,照明电线及动力电缆必须架空敷设或采取其他防潮措施。现场用电需专业电工接线，其他人员不得私自接线。

(10)风管应在门窗齐全的密闭干净的环境中制作，在加工过程中应经常打扫，保持环境干净。

(11)使用四氯化碳等有毒溶剂对铝板除油时，应注意在露天进行；若在室内，应开启门窗或采用机械通风。

(12)玻璃钢风管、玻璃纤维风管制作过程均会产生粉尘或纤维飞扬，现场制作人员必须戴口罩操作。

(13)作业地点必须配备灭火器或其他灭火器材。

(14)严格按项目施工组织设计用水、用电，避免超计划和浪费现象的发生，现场管线布置要合理，不得随意乱接乱用，设专人对现场的用水、用电进行管理。

(15)当天施工结束后的剩余材料及工具应及时入库，不许随意放置。

(16)使用电动工机具时，应按照机具的使用说明进行操作，防止因操作不当造成人员或机具的损害。

(17)熔锡时，锡液不许着水，防止飞溅，盐酸要妥善保管。

(18)使用剪板机剪切时，工件要压实。剪切窄小钢板时，要用工具卡牢。调换校正刀具时，必须停机。

(19)乙炔表、氧气表前必须有安全减压表，且乙炔气管上必须装设合格的阻火器，方可使用。

(20)各类油漆和其他易燃、有毒材料，应存放在专用库房内，不得与其他材料混淆，挥发性材料应装入密闭容器内，妥善保管，并采取相应的消防措施。

(21)使用煤油、汽油、松香水、丙酮等对人体有害的材料时应配备相应的防护用品。

(22)对产生噪声的施工机械应采取有效的控制措施，减轻噪声扰民。

【技能要点 2】安装过程安全规程

(1)施工前要认真检查施工机械，特别是电动工具应运转正常，保护接零安全可靠。

(2)高空作业必须系好安全带，上下传递物品不得抛投，小件工具要放在随身戴的工具包内，不得任意放置，防止坠落伤人或丢失。

(3)吊装风管时，严禁人员站在被吊装风管下方，风管上严禁站人。

(4)风管正式起吊前应先进行试吊，试吊距离一般离地 200～300 mm，仔细检查倒链或滑轮受力点和捆绑风管的绳索、绳扣是否牢固，风管的重心是否正确、无倾斜，确认无误后方可连续起吊。

(5)作业地点要配备必要的安全防护装置和消防器材。

(6)作业地点必须配备灭火器或其他灭火器材。

(7)风管安装流动性较大，对电源线路不得随意乱接乱用。

(8)搬动和安装大型通风空调设备，应有起重工配合进行，并设专人指挥，统一行动，所用工具、绳索必须符合安全要求。

(9)整装设备在起吊和下落时，要缓慢行动，并注意周围环境，不要破坏其他建筑物、设备和砸压伤手脚。

(10)分段装配式空调机组拼装时，要注意防止板缝夹伤手指。紧固螺栓用力要适度。安装盖板时作业人员要相互配合，防止物件坠落伤人。

第二节　通风工常用工具使用安全操作

【技能要点1】小型电动工具安全操作规程

(1)电源电压必须符合工具铭牌上的额定电压，外壳要可靠接地。

(2)不允许在超过规定厚度和硬度的板材上使用，要详细阅读使用说明书。

(3)使用前应先空转 1 min，检查转动是否灵活，声音是否正常，并在油孔及滑动部位注入润滑油数滴。

(4)工作时不能堵塞机壳上的通风孔，平时也应经常清理，防止堵塞和铁屑等杂物进入工具内部。

(5)正常使用的情况下,每半年应清洗机头一次,更换润滑脂。一年要对轴承等部位全部清洗并加入新润滑脂。

(6)经常检查电线、插头是否良好。更换刀具,保养调整时要将插头从电源插座上拔掉。

(7)发现火花太大应及时找电工修理,调换新碳刷后应空转数分钟。

(8)刀具不锋利应及时更换或修磨,修磨时要保持刀具的原有角度。

(9)使用时应轻拿轻放,避免受冲击。不用时应放在干燥、清洁和没有腐蚀性气体的地方。

(10)工具外壳如系工程塑料制成,使用和保管都应避免长期曝晒,不可与油类或其他溶剂相接触。

(11)不熟悉工具构造的人禁止随意拆卸。

【技能要点2】钻床安全操作规程

(1)先要在工件的钻孔位置打好中心眼。

(2)台钻上的传动皮带必须安装防护罩。

(3)禁止戴手套上钻床操作,长头发应戴工作帽。

(4)上钻头时,须用钻帽附带的专用工具,不可在装夹时用手锤、扁铁等敲打。

(5)钻床在工作过程中,不准用手触摸旋转中的刀具和钻帽,更不准用手去清除钻屑。

(6)在尺寸较小的工件上钻孔,应先用合适的夹具卡紧,不可用手撑着。

(7)测量加工尺寸、更换刀具,装夹或拆卸工件、改变转速、进行润滑和清洁等都应停车进行。

(8)操作时应控制手柄压力,不可用力过猛,不得在手柄上加套管接长力臂。

(9)经常擦拭、润滑,保证钻床工作性能良好。

参考文献

[1] 北京市建设委员会. DBJ/T 01—26—2003 建筑安装分项工程施工工艺规程[S]. 北京:中国市场出版社,2004.
[2] 建设部人事教育司. 通风工[M]. 北京:中国建筑工业出版社,2003.
[3] 曹丽娟. 安装工人常用机具使用维修手册[M]. 北京:机械工业出版社,2008.
[4] 张学助,张朝晖. 通风空调工长手册[M]. 北京:中国建筑工业出版社,1998.